京都のアルゴリズム

岩間 一雄 著

近代科学社

◆ 読者の皆さまへ ◆

平素より，小社の出版物をご愛読くださいまして，まことに有り難うございます．

㈱近代科学社は 1959 年の創立以来，微力ながら出版の立場から科学・工学の発展に寄与すべく尽力してきております．それも，ひとえに皆さまの温かいご支援があってのものと存じ，ここに衷心より御礼申し上げます．

なお，小社では，全出版物に対して HCD（人間中心設計）のコンセプトに基づき，そのユーザビリティを追求しております．本書を通じまして何かお気づきの事柄がございましたら，ぜひ以下の「お問合せ先」までご一報くださいますよう，お願いいたします．

お問合せ先：reader@kindaikagaku.co.jp

なお，本書の制作には，以下が各プロセスに関与いたしました：

・企画：小山 透
・編集：安原悦子，高山哲司
・組版：大日本法令印刷（LaTeX）
・印刷：大日本法令印刷
・製本：大日本法令印刷（PUR）
・資材管理：大日本法令印刷
・カバーイラスト：廣田雷風
・広報宣伝・営業：冨髙琢磨，山口幸治，東條風太

※本書に記載されている会社名・製品名等は，一般に各社の登録商標または商標です．
※本文中の ©,®,™ 等の表示は省略しています．

・本書の複製権・翻訳権・譲渡権は株式会社近代科学社が保有します．
・ JCOPY 〈（社）出版者著作権管理機構 委託出版物〉
　本書の無断複写は著作権法上での例外を除き禁じられています．
　複写される場合は，そのつど事前に（社）出版者著作権管理機構
　（電話 03-3513-6969，FAX 03-3513-6979，e-mail: info@jcopy.or.jp）の
　許諾を得てください．

まえがき

　今ちょうどトランプ大統領が正式に就任する時が来ている．皆様が本書を手に取られた時点で彼がどのような成功を収めているかは，執筆を開始した今の時点では神のみぞ知ることではあるが，今回の選挙戦は本当に面白かった．我が国の選挙もこのくらい面白ければ良いのにと，不甲斐ない思いをした．

　去年，予備選挙の序盤の山場という辺りだったと思うが，私はラスベガスに滞在していて，その時にちょうどネバダ州の共和党の党員集会があった．ある日，知り合いの先生と話をしている時に偶然その話になって，彼がその日の夕方に党員集会に行くという（大学の先生は総じて民主党シンパが多いが，共和党支持者も決して少なくない）．そこで，とっさに「私も連れてってほしい」と頼んだところ，一瞬ひるんだ様子であったが，すぐにニコニコして「いいよ」と言ってくれた．その後5時過ぎに彼の車についていって，とある郊外の高校に着いた．少し出遅れたようで，終わった人がどんどん出てくる．皆「ひどい有様だ」と文句を言っている．我が国におけるこういった行事での整然とした場に慣れている者にとっては，諸外国での真逆に遭遇して唖然とすることも多い．この時も正にそれであったが，そのせいかどうか，彼にくっついていって体育館のような会場に難なく入ることができた（さすがに投票はしなかったが，ハガキを忘れたとかゴネればできそうな雰囲気すらあった）．中にはテーブルが何十とあって，ハガキに何番のテーブルに行け

iii

と書いてある．連れはかなり迷ったあげく，長蛇の列にたどり着いた．なんとそのテーブルだけが20人ほどの列になっていて，他のほとんどのテーブルは全くの空である．列に並んで前後の人に私を紹介してもらって（皆ふんふんと言うだけで部外者と気づいてもいない）話を始めたが，偶然同じ大学の人だったらしく大学の話（不満）で盛り上がって政治の話はほとんど出なかった．これがこの場所での「党員集会」というものらしい（ボランティアが一切を取り仕切るので，場所によってやり方はかなり違うらしい）．列が進まないので30分ほどして先に失礼したが，楽しい経験であった．

11月の本選挙の投票が近づいたころ，ニューヨークタイムズ紙に選挙のイロハとでもいう記事が質問回答方式で載った．ご存知のとおり米国の大統領選挙は結構複雑で，かつ移民社会なので，その方式を熟知していない人も多いのである．中には「拳銃を持って投票会場に行けるか」という信じられないような質問もあり，その回答も「州によって異なりオープンキャリーなら云々」という至極真面目なものであった．そこで出た質問の一つに「獲得選挙人がちょうど同数になったらどうなるか」というものがあった．回答子曰く「選挙人総数は538名で偶数なので同数はあり得るがその場合…」と続いていた．続きの詳細は省くが，私のようなアルゴリズムを生業とするものなら，はっと気づくのである．つまり，「偶数だから引き分けもありうる」とは必ずしも言えないのである．

米国の大統領選挙は一種の間接選挙である．ほとんどの有権者は民主党か共和党の候補に投票するが，それを各州ごとに集計して，1票でも多かったほうがその州に割り当てられた選挙人を（原則）総取りする．そして，どちらかの候補の獲得選挙人が過半数の270に達した時に勝敗が決まるのである．各州に割り当てられる選挙人は，州の人口に応じて55人から3人まで色々であるが，簡単な例で考えてみてほしい．州の数が三つで，割り当てられた選挙人の数がそれぞれ，A州が5名，B州が12名，C州が15名だったとする．例えば民主党候補がAとBの州で勝ち，共和党候補がC州で勝つと，民主党が5+12の17名，共和

iv

党が 15 名の選挙人を得たことになる．注意してほしいのは，選挙人総数は 32 名で偶数であるが，獲得選挙人が半分の 16 名になる（勝利した）州の組合せはありえないことが簡単に分かる．つまり「引き分け」はありえないのである．実はこの問題，すなわち，いくつかの与えられた整数が，和の等しい二つのグループに分けられるかどうかを問う問題は，アルゴリズムの世界では有名な問題で，分けられない場合がもちろんいくらでもある．この問題は以後もたびたび出現する．

そこで早速，全米 50 州の選挙人の数を調べて解析してみたが，引き分けはありうる，それも多くの場合にありうることが簡単に分かった．（例えば，選挙人の多いほうから順にカリフォルニア州 55 人，テキサス州 38 人と選挙人を足し込んでいくと 11 番目のニュージャージー州は 14 人で和が 270 になる．ところが，その次のバージニア州が 1 人少ない 13 人なのでニュージャージー州と入れ換えると合計が 269 でちょうど半数になる．他にも 269 になる組合せは多数ある）．ということで，私の早とちりで終わってしまったが，アルゴリズム屋のユニークな直観を大いに楽しむことができた．

さて，タイトルの「京都」である．著者は埼玉で生まれて，大学から京都に来た．人生の過半を京都で暮らして，さすがにこの街のことが少しは分かってきた（なにせ「この前の戦争」が応仁の乱を意味するようなところなので偉そうなことが言えた身分ではないが…）．よく京都は（特に関東からの）よそ者に辛くあたると言われているが，学生は別で大いに歓迎される．著者は学生から直接大学の教師になってしまったので，嫌な経験は全くしていない．ただ，学者の社会的地位はそこまで高くない．それは，京都にはかなりしっかりした地場産業（島津，京セラ，オムロン，西陣の和服問屋，伝統工芸の会社等々，数えだしたら切りがない）があるし，茶道華道に代表される伝統文化も有名で，さらには言わずと知れた神社仏閣の街である．それらの関係者は大学人に比べて懐も豊かなせいもあるのか，学者は軽く 4，5 番目以下である．著者は福岡で 7 年暮らしたが，そこでは大学の教師の地位が京都に比べれ

ばはるかに高かったように思えた．もちろん，不満を述べているわけでは全くない．居住者の知的レベルも高く，街がフラットでどこにでも自転車で行くことができるし，ハイキング好きには交通機関を何も使わずに裏庭のような山に行ける．慣れれば，こんなに住みやすいところはない．

　わざわざ「京都のアルゴリズム」と題名に京都を付けたのも著者自身が京都を愛しているからである．では京都のアルゴリズムは，例えば「京都の言葉」のように他と何かが違うのであろうか．アルゴリズムそのものの説明をすれば簡単に分かることであるが，別に京都特有のアルゴリズムがあるわけではない．しかし，その説明の様々な場面で京都を大いに宣伝させていただきたい．そこで本書の趣旨であるが，「アルゴリズムという眼鏡で世の中を見た時にどんな景色が見えてくるのか？」，この問いに答えることが最大の目的である．常にアルゴリズムを意識して生活することがどんなに楽しいか，またそれが自然に頭のトレーニングになって健康で長生きにつながるのか（ちょっと言い過ぎか）を大いに宣伝したい．最近の IT 社会のキーワードは AI と学習ばかりである．しかし，それらも結局アルゴリズムなしではただの何とかである．このことは最後のほうで少し説明したいと思う．

　本書は紛れもない数学書である．しかし，本気で縦組みにすることも考えたくらいであるから数式はほとんど出てこない．二，三の章で少し約束違反をするかもしれないが，そんなところは，1 時間ほどかけてじっくり考えていただければ間違いなく完全に理解してもらえると信じる．しかし，面倒なら読み飛ばしていただいても全く問題ないように工夫をした．こんな数学書もあったのかと楽しんでほしい．

　最後に，本書の出版に関しては近代科学社の小山透社長の全面的ご支援を頂いた．小山社長とは，著者が今世紀の初めに立ち上げた学会関係のプロジェクトにおける出版活動で中心的な役割を果たしてくださって以来，親しくおつきあいさせていただいてきた．定期的に京都に来られ

まえがき

るが，たとえそれがお仕事であったとしても，京都を心から愛していらっしゃることがよく分かるのである．このことが本書の執筆に対してご理解を示してくださった理由の一つかと勝手に解釈している．また，装丁，作図や校正で丁寧かつセンスに満ちたお仕事をしていただいた近代科学社のスタッフの方々に心から感謝する次第である．

2017 年 4 月

岩間一雄

目　　次

第 1 章　斜め横断　　　　　　　　　　　　　　　　　　　1

第 2 章　アイドルタイム　　　　　　　　　　　　　　　13

第 3 章　人事部長の悩み　　　　　　　　　　　　　　　23

第 4 章　チームワーク　　　　　　　　　　　　　　　　37

第 5 章　神様との勝負　　　　　　　　　　　　　　　　53

第 6 章　アルゴリズムからメカニズムへ　　　　　　　　73

第 7 章　1 番ではなくても　　　　　　　　　　　　　　87

第 8 章　千年に一回も起こらない　　　　　　　　　　105

第 9 章　自分のページのページランクを上げたい　　　123

第 10 章　対話のアルゴリズム　　　　　　　　　　　137

第 11 章　ビットコインの素晴らしさ　　　　　　151

第 12 章　Ｐ対 NP 問題：ノーベル賞以上？　　　165

第 13 章　アルゴリズムから見た進化論　　　　　187

あとがき　　　　　　　　　　　　　　　　　　201

事項索引　　　　　　　　　　　　　　　　　　207

京都関連　　　　　　　　　　　　　　　　　　209

第1章
斜め横断

　京都の街は道路が東西南北にメッシュ状（碁盤の目のよう）になっていて分かりやすい．対照的に7年間暮らした福岡ではひどい目にあった．北が山，南が海という地理以外に知らなかった私は，それが逆になっただけでも混乱するのに，市内でも少し南に行くと起伏が出てきて，その起伏に合わせるように道がクネクネと曲がっている．車を運転していて東に向かっているつもりが西に行っていたなどということを何回も経験している．京都の場合は簡単な法則（これは外国からのお客様に京都を説明する時に実に役に立った）を知っていれば道に迷っても何とかなる．そのための知識としては，まず川（鴨川）が北から南に流れていて街を東と西に分けている．次に周りを見渡せば，多くの場所で比叡山から大文字山，さらに南に続く東山連峰が見えてこれが東の方角である．これだけで十分である．つまり，万が一迷った時はとにかく川に出ること，そして流れから南北が分かり，さらにその橋の上から見渡せば街の中心部の目印のようなものが見える．旅行者は大抵，街の中心部に宿を取るので，川から宿までの道さえ押さえておけば，日本語が読めなくても何とか宿にたどり着けるというものである．

　実は，これが既に**アルゴリズム**なのである．アルゴリズムとは，何か問題が与えられた時に，その問題を「うまく」解く手順のことである．ここで「手順」とはプログラムのようなものと考えていただいてもよいが，もっと大雑把に，そのプログラムが行うべき仕事をステップバイ

1

ステップで分かりやすく（例えば自然言語で）記述したものと考えていただいてよい。上で説明したのは，京都で観光していて迷ってしまった時，地図を見ないで，さらには様々な案内も当てにしないで自分の宿に帰り着くためのアルゴリズムなのである。本書での**問題**は，いつも**入力**とその入力に対する正しい**出力**という形で与えられる。上の京都迷子問題では，入力は，現在位置に関する情報（川の西側か東側かだけ）と宿に関する情報（川に面している目印）だけである。アルゴリズムは，それだけの入力から正しい道順を示さなければいけない。今の場合は簡単で，以下のようなアルゴリズムで十分である。

（1）自分の周りを見渡して東山連峰を探して東西の方角を知る。

（2）入力から現在の自分の位置が分かるので，川の東ならば西に歩き，西ならば東に歩く。

（3）川に突き当たったら橋の中程から（入力で与えられている）目印を探してその方向に川に沿って歩く。

ステップバイステップの各ステップが，紛れのない基本的な動作になっていることが重要である。

二つの場所

AとBが与えられた時，AからBに至る最短の道筋を求める問題は**最短経路問題**と呼ばれ，アルゴリズムの世界では最も重要かつよく研究されている問題の一つである。考えてもらえばすぐ分かるとおり，カーナビやスマホのナビには，正にこのアルゴリズムが組み込まれていて，ほぼ瞬時に答えを出してくれる。さらにはGPSがリアルタイムに進行方向を指示してくれる。本当に便利になったものである。しかし，そのアルゴリズムはそこまで奇異なものではなくて，人間ができるだけ回り道をしないようないくつかの候補を見て，その中でベストなものを見つけるという，結構当たり前の作業と基本的には同じことをしていると考えてよい。もちろん，日常の移動にはこういったガジェットは必要ないし，遠出する場合でも私は，こういったものは一切使わずに昔ながらの地図を見ながら経路を決める。途中の街のことも分かるし，景色が良い悪い等々の付帯の情報も得ることができて，旅

が楽しくなるというものである．少し脱線するが，こんなアナログドライブで最も頼りになるのが道路上の案内表示板である．したがって，経路上のみならず周辺の大きな都市の名前を憶えておくことが肝要で，そうしないと表示板をうまく利用できないのである（そこには常に行き先の都市の名前が書いてあるわけではなくて，その先や途中から分かれた先の大きな町の名前のこともある）．日本の場合なら大きな町の名前やそれらの位置関係は何となく頭に入っているが，外国の場合はそこまででもないので結構苦労する．しかし，それがまた旅の楽しみなのである．（表示が漢字なら瞬時に頭に入るが，アルファベットだとどうしても「読みに行ってしまう」のでモタモタする．外国で運転する場合の大きな問題の一つである．もう一つ，右側通行そのものはすぐに慣れるので問題ないが，マニュアル車は右手でシフトしないといけない．左手に慣れた身にはかなりしんどい．アクセルとクラッチの位置関係は同じなのでご心配なく．）

　日常生活ではあまり重要ではないと言ったが，それでも回り道をしたくないのは人情である．実は京都大学の構内も道がメッシュ状になっていて，講義の場所が研究室から結構離れている場合には5分以上歩かされることもある．そこで，どのルートで行くかである．図1.1を見ていただきたい．AからBへ行くのに，メッシュ状なら何回曲がっても結局水平と垂直の距離の和は同じになるからどうでも良いではないかと言われるかもしれない．いや，どうでも良くないのである．図1.2を見ていただきたい．大学の中は車がほとんど通らないので，全て歩道のようなものである．そこで，「超斜め横断」をするのである．常に道の内側の曲がり角に向かって最短で向かうのである．図から明らかなように，曲がる角度が90度から緩い角度に変わる．これが重要で，曲がる角度が小さければ小さいほど距離は少なくなるのである．

中学の数学を少し復習してみよう．三角形の2辺の長さの和は他の1辺の長さより大きい（つまりショートカットのほうが得）という性質を思い出してほしい．これは証明しようとすると少し厄介な

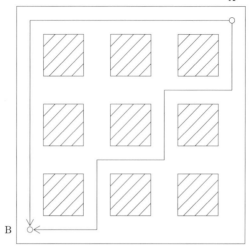

図 1.1 何回曲がっても同じ

ので，図 1.3 のようにマッチ棒を 4 本並べて考えてほしい．その内の 2 本を図のように少し回転する．すると明らかに 2 本の先が離れてくる．つまり，それを延長して出合うまでの長さが直線の場合に比べて増加するのである．このことが分かれば，曲がる角度が小さいほうが得なことは次のように考えればよい．図 1.4 で，A,B,C と行くよりも角度の小さい A,D,C と行くほうが近いことを示すために AD の延長を考えてそれが BC と出合う点を F とする．A,B,C と行くよりも，A,F,C のほうが一部ショートカットをしているので短距離である．さらには，A,F,C よりも A,D,C のほうが，これも一部ショートカットをしているので近い．つまり，A,B,C よりも A,D,C のほうが短距離なのである．何回曲がっていても同じで，この議論の単純な繰返しとなり，図 1.2 のような場合も曲がる角度が小さいほうが得である．

なお，大学構内は「全て歩道のようなもの」と言ったが，自転車には大いに注意が必要である．車はさすがに超スローで走っているので全く心配いらないが，自転車はスピードを出している学生が多い．結構事故があるらしくて，定期的に自転車通行に対する注意の御布令が当局から

第 1 章　斜め横断

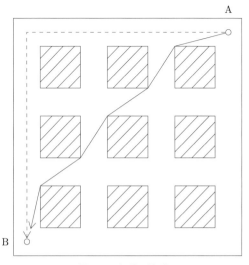

図 **1.2**　超斜め横断

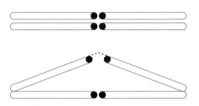

図 **1.3**　三角形の 2 辺の和は他辺の長さより大きい

出ていた．これは町中（特に大学周辺）でも同じである．京都は，おそらく全国一の自転車の町である．歩道走行が認められている（らしい）ので，歩行者が怖い思いをすることもしばしばある．私は歩いていて「進路変更」をする時に後ろを確認する癖がついたほどであるし，さらに，バックミラーを手に持って歩いている人もいるくらいである（という冗談を言う人すらいる･･･)．

このように，最短経路問題は簡単といえば簡単である．できるだけ曲がらないようなルートを選ぶだけのことだからである．

しかし，これが街中に行くと信号が絡んでくるので，

5

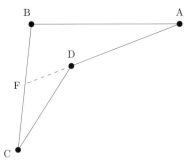

図 1.4 　角度が緩いほうが近い

少し厄介である．少し遠回りをしたとしても，信号待ちの時間を考えれば時間的には少し早いというケースが多々あるからである．著者は信号待ちをするのが一番嫌いで，できるだけ避けることをいつも考えている．そこで，私が長年通った弁当屋さんの話である．研究室では毎週1回昼食会をやっていて，仲間が時々弁当屋を変えるなかで，私自身はいつも同じレストランに弁当を買いに行くということを10年以上やっていた．そのレストランというのが図1.5のような位置関係になっていた．片道500メートル以上あって決して近くはなかったが，抜群のコスパだったので，ついぞ浮気をすることがなかった．

普通は，図1.5のように交差点（A点）まで出て，その時の信号によって，先に北に行ってそれから西に行くか，先に西に行って北に行くというルートであろう．A点で青のほうの信号を選択できるので信号を待つこともあまりなく，決して悪い戦略ではない．しかし，よく見ると二つのルートは同じではない．大きな交差点では横断歩道が交差点から少し離れたところに設置してあるのが普通であって，今のように東南から北西に行く場合には先に北に行ったほうが距離が大分短い．さらによく見ると，弁当屋のところにもう一つ小さな交差点があって，そこにも信号が付いている．さらに，A点で信号が変わった瞬間に北に歩き出して，（B点ではまだ西行きが青になっていないので無視して）そのまま北に少し早歩きすると，C点でちょうど横断の信号が青になることが分かった（近辺の信号は同期して変化している）．また，A点で北行

第 1 章 斜め横断

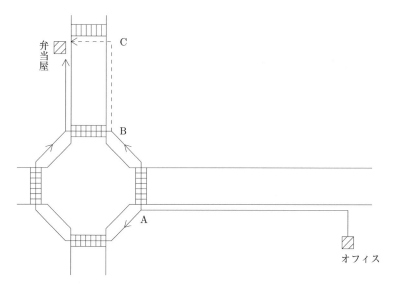

図 1.5 弁当屋へのルート

きの青が既に中途になっている時は，今度は B 点で待たずに西に行ける．したがって，A 点では，(仮に西行きが青で行けても無視して) 常に北に行くのが良いことが分かる．

しかし，アルゴリズム屋としては，やはり A 点で待つのはやりきれない．弁当を買いに行くのは昼時で交通の流れもそれほどではない．そんな時は (十分に，特に右折左折の車に注意して) 奥の手を使ってもよい．それは，交差点を少し広げて考えるのである．さらには伝家の宝刀の斜め横断を組み合わせれば，大幅に距離と時間を縮めることができる (詳細は書かないことにするが・・・)．アルゴリズム屋の性と言ってしまえばそれまでであるが，少しでも得をしたいと常に考えているし，それが結構な頭の体操にもなっている．

前に述べたように近隣の交差点では信号が同期しているので，その同期をうまく使って最適な戦術を決めることができる．これをタクシーやバスの運転手はよく知っていて，大いに利用している．我々アマチュアも，特に自転車で同じ経路を同じ時間に毎日走る場合などは，利用しないと損である．例えば，ある交差点を青になった瞬間にスタートす

7

ると，頑張れば次の交差点をギリギリ通過できる．逆に，その交差点を青の中途で通過した時は，ゆっくり走って体力を温存し，次の信号が青になる瞬間に合わせるのである．ただしこれは少し注意が必要で，まず同期の仕方や青赤の間隔は時間によって異なるので，ある時刻（朝の8時とか）より前で慣れていると，後に行った時には調子が狂う．さらにやっかいなのは，当局はその同期の仕方を（当然，事前の通告なしで）急に変更することがある．実際，私は絶対来るはずのない車が来てびっくりしたことがある．もう一つ不満を言わせてもらうと，我が国の信号システムは最適化の度合いが低い．例えば少し複雑な交差点で，絶対車が来ないのに歩行者信号が赤になっている場合が多々ある．人はバカではないはずなので，そんな信号は段々赤を無視するようになる．その習慣がついて，本当の赤まで無視して危険に遭遇するという不幸が起こる．諸外国ではそんな不合理は絶対ない．パリで車が来るわけがないと思って赤を無視したら，どこからともなく1台来て大きな警笛でびっくりさせられたことがある．赤なら理論上必ず車が来て，法律上，車に優先権があることが保証されているのである．

　ついでにイギリスやアイルランドでは，横断歩道を渡り始めるところに必ず，「左を見ろ」とか「右を見ろ」とか白ペンキで路上に書いてある．大都市ではほとんどの道が一方通行であり，さらには大きな道には真ん中に踊り場みたいな場所があるので，こんな注意が意味を持つし，非常にありがたい．なお，最初に述べたように京都はメッシュ状で，道を一方通行にするのには適しているように見える．実際，裏の細い道路はほとんど全て一方通行になっているが，縦に数本，横に数本の幹線道路は双方向である．私が学生のころ，同様に比較的メッシュ状の大阪が幹線道路の一方通行化に踏み切った．当然京都もという声があったが，なぜか立ち消えになってしまった．噂では，当時まだ残っていた市電の問題とか，観光業界の大反対とか，どの道をどちらの方向にするかで喧嘩が起きたとか色々囁かれたが，今となってはもう不可能で，あの時がチャンスだったと思う．

8

第 1 章　斜め横断

　少し面白い事実を紹介してこの章を締めくくる．京都は南が大阪に向かって開けていて，北に行けばいわゆる北山で高度も上がってくる．よって当然，川も北から南に流れるのであって，この章で紹介した京都のシンボルである鴨川もそうである．ところが一つだけ逆に南から北に流れる水路があるのである．これが有名な琵琶湖疏水である．琵琶湖疏水そのものについては多くの資料もあるので深入りはしない．江戸末期の戦乱と東京遷都で衰退してしまった京都を立て直そうと明治の中期に実施された，当時としては比類のない大プロジェクトであった．途中の山をトンネルで貫いて琵琶湖と京都を多目的の運河でつなぐというもので，今聞いてもワクワクするような話である．この疏水は今でも現役で，京都の水道水はその大部分がこの疏水から取水されているらしい．

　ということでその重要性は全く衰えていないのであるが，現在の観光や市民生活で「疏水」と言った時は，その「本線」ではなく蹴上から分かれる細い「分線」のほうを指すことが多い気がする．南禅寺境内のアーチ型の水路橋を経て哲学の道沿いを進み，京都大学のすぐそばを南北に走っているのがその分線である．春は桜，夏はホタルの名所になっている．今でも記憶に残っているのは，前世紀の終わりごろだったと思うが，法然院の近くの疏水べりの料理屋で学会の懇親会をしたことがあった．9時ごろだったと思うが，お開きになって皆帰るという時に，正に「うじゃうじゃ」という表現がぴったりするくらいのホタルの乱舞に遭遇したのである．そのころは別に珍しいことではなかったらしく，送りに出てくれた仲居さんたちも「今晩はご盛んやな」で早々に戻っていった．このころは，私の家の近くのどぶのような水路でも結構ホタルを見かけたもので，時期になれば子供とよく探しに行った．今は残念ながら本当に減ってしまった．6月になると，大学から帰るのを少し遅らせて疏水沿いを自転車でゆっくり行くのであるが，以前は必ず何人かのホタル見物の人に出会って，「今晩はどうでっか」とちょっとした会話を楽しんだものである．

9

この疎水分線が南から北に流れているのである．地形図を見れば，東山の傾斜をうまく利用しているだけで，何の不自然さもないのであるが，初めて気づいた時はかなりの大発見をした気になって，友達に自慢げに披露したものである．琵琶湖の標高が意外に高いのもこの時に知った．関連する思い出は他にもあって，その一つは京都の水道水の質である．私が育った埼玉の田舎町では，60年代ごろは水道にほとんど地下水を使っていた．よって，その温度は比較的一定で，夏は冷たく冬は温かいというのが身に染み付いていた．京都に来て往生したのが，その水道水の温度である．冬は非常に冷たくて，洗濯（下宿の流し場でバケツを使って洗っていた）のたびに往生したものである．逆に夏は生温い水で，生温いだけでなく時々生臭い異臭がするのである．幸い現在は浄水技術が上がって，京都や大阪の水は我が国の最高レベルらしい．琵琶湖のお陰で渇水知らずである．私は90年代に福岡で7年暮らしたが，2回渇水に遭遇した．一回は特に深刻で毎日かなりの時間断水するという状態が2，3か月続いた．その不便さは忘れられない．

疎水本線のほうも観光名所がいくつかある．日本で初めての蹴上発電所（京都の市電のもとになった）や急流部分を回避して船を台車で運ぶインクラインである．後者に関しては，川や運河を水運に使う時の生命線なのである．我が国ではほとんど見ないが，土地が平坦で河川の水運が発達したヨーロッパではよく見かける．平坦とは言っても，数十メートル規模の断層が時々存在する．そういった場所では，川や運河が滝のようになってしまって船が運航できない．そこで，何とか回避する設備を作るわけである．数年前にベルリンに数週間滞在した時，車で2時間くらいのところのNiederfinowという場所にあるそのような設備を見にいって感動した．結構道が複雑で行き着けるかどうか不安であったが，かなり遠くから巨大なビルのようなものが見えるのである．あれだということで，とにかくそれに向かって走り，なんなく到着することができた．川が（実際は運河であるが）滝になっている場所を想像してほしい．その滝の部分を上と下で切り離し，二つの扉で閉じてしまう．そこに巨大な「船のエレベータ」を設置するのである．普通のエレベータ

第 1 章　斜め横断

のかごを単に大きくした構造で，かごには大きな船を浮かべるのに十分
な水が入っている．かごが下におりるとかごの中の水面と下の川の水面
が（ほぼ）一致して，かごと川の扉が開いて，運びたい船がゆっくりと
そのかごに入ってくる．その後両方の扉を閉め，数分かけて 40 メート
ルほどそのかごを上に引きあげ，今度は上部のほうの川に接続する．前
とは反対側の二つの扉が開いて船は出ていくのである．実際，遊覧船に
乗って体験することができる．我がインクラインはこれに比べればおも
ちゃのようなものであるが，在りし日の運河が技術の宝庫であったこと
を知る観光地としてはユニークな存在だと思う．

第2章
アイドルタイム

何もしていない 無駄な時間がアイドルタイム（遊び時間）である．大根と人参の入ったみそ汁を作るアルゴリズムを考えてみよう．

(1) 大根と人参を洗って，適当なサイズに切る．

(2) お湯を沸かして鰹節でだしを取ってから (1) を入れて柔らかくなるまで数分煮る．

(3) みそと豆腐を入れて一煮立ちで出来上がり．

多くのレシピでこのように書いてあると思う．レシピでは初めての体験ということから分かりやすさ第一で書いてあるので，これはこれで大変結構である．しかし，家庭の奥さんが毎朝するとなると少し問題がある．(2) のお湯を沸かすところで，何もしないで沸くのを待っていることになる．それなら，(2) から最初に始めて，待っている間に (1)の準備をすれば時間が節約できそうである．実際それで数分節約できるのは明らかで，朝の数分は大変貴重である（湯が沸く時間を使っていつも歯磨きと洗顔をしているのだから余計なことを言うな，というお叱りを頂戴するかもしれない．すいません）．レシピのアルゴリズムでお湯が沸くのを待っているのがアイドルタイムである．もしお湯の沸く時間が野菜を準備する時間以上なら (2) から始めることによって，野菜準備の時間を実質的にゼロにすることができるので大変ありがたい（ベテランの主婦はこの辺りのことがよく分かっていて，つまり，朝の忙しい

時にお湯の沸く時間以上かかるような具の準備はしないということである）．

　懐石料理は京都のシンボルのようなもので，多くの高級料亭がある．その起源はお茶会らしい．お手前の後で豪華な酒食で客をもてなすというのがお茶会の精神で，苦いほんの少しの液体を面倒な方法でたしなむという理解に苦しむ行動も分かる．その後がお楽しみなのである．懐石料理の売りは，一つひとつは小さな料理が見事な間合いで次々に出てくることである．上を見れば切りがないが，手ごろなコストでその醍醐味が味わえる場所も少なからず存在する．ある割烹では，一晩にカウンター席に座れる約10名の客だけとっておしまいという商売をしている．当然全員予約で，ある時刻に店に入ることが要求される．つまり，その晩の客全員が決まった時刻に入店して，全く同じ料理を同じタイミングで食べていくことになる．さらには，メニューは月替わりである．したがって，調理のアルゴリズムを完璧に準備することができる．このお店は，お年を召したご夫婦お二人だけで切り盛りされている．カウンターから見えるのであるが，実に見事に動き続けている．アイドルタイムが全くないのである．だから，たった2人で10品以上を見事なタイミングで次々にサーブすることができる．そして，信じられないような値段でやってくれるのである．

　餃子の王将も京都から始まったが，ここの凄さも半端ではない．かなり大きな店でも実際に鍋を振るっている人は2人が最大で，普通の大きさの店では1人で全部の料理を作る．昼食時は正に戦争である．注文された料理はマイクで次々に料理場に伝えられるが，料理人は全部憶えていて，1人が二つの鍋を同時に扱いながら，驚異的なスピードで作っていく．決して手を抜いているわけではない．一つひとつの料理に対してそれを火にかける時間は決まっていて，正にアイドルタイム（コンロに鍋がのっていない時間）をほとんどゼロにすることで完璧な最適性を実現しているのである．パリのカフェの給仕さんにも，ほれぼれしたことがある．三十代後半の男性であったが，正に精悍そのもので，1人でかなり大きな店を仕切っている．見ていると，テーブルからテーブ

ルに動きながら，フェーズに分けて仕事をしているようであった．店に
入って，目で合図をして，了解してくれてもなかなか来てくれないので
ある．やがて，注文を取るフェーズに入ると新しいお客さんのところを
（回り道をしないで）回って注文を取る．それを調理場に届けると，出
来上がった料理や飲み物を持ってくる．その時も，飲み物と皿ものを分
けて，飲み物は大きなお盆の上にいっぱいのせて上手にテーブルを回っ
て置いていく．温かい飲み物と冷たい飲み物を分けて，温かい飲み物の
場合は冷めないように気を使っているようであった．これらのフェーズ
はある程度デマンド処理の意味合いが強いが，その合間を縫って上手に
集金のフェーズと後片づけのフェーズを作っている．アイドルタイムゼ
ロは当たり前で，さらに仕事のフェーズとテーブルの回り方まで最適化
しているのである．まったく見事であった．

　仕事を効率良く 行うことが本章のテーマである．どんな
タイプの問題なのかを整理してみよう．基本は，ある時刻にするべき仕
事がいくつかある，という状況なのである．それらの仕事は同時にでき
るもの（ただし，例えばコンロが二つしかないなら同時にできるのは二
つまでである），できないもの，順番が決まっているもの，順番に自由
度のあるもの，等々いくつかの制約が与えられている．アルゴリズムは
それらの制約を守ったうえで，どの順番でどの仕事をどのリソース（コ
ンロ）を使って実行していくかを決めることになる．このような問題を
スケジューリング問題と呼び，そのアルゴリズムをスケジューリングア
ルゴリズムと呼ぶ．専門の学会があるくらい重要な分野になっていて，
長い研究の歴史があるのは当然であろう．

　多くの研究成果が得られているが，いくつかの基本的アイデアがあ
り，それらは我々が普通に実生活で行っている行動に見事なまでに取り
入れられているのである．例えば，今いくつかの仕事を抱えているとす
る．Aは1時間かかる．B,Cはそれぞれ5時間と2時間かかる．どれ
から先にするか？　普通の人ならAを最初にするのではなかろうか．理
論的にもそれが最適であると言われている．それは，**仕事の待ち時間の**

総和を最小化するからである．仕事の待ち時間とは，その仕事が発せられてから終了するまでの時間のことである．仕事が上司から降ってくる場合なら，上司にとっての最大の関心はその仕事の待ち時間に違いない．よって，この尺度は極めて常識的である．

　上の例の場合の，仕事の待ち時間の総和を計算してみよう．仕事を始めるのが9時とする（三つの仕事はそれ以前に発せられているかもしれないが，9時までの待ち時間はどのような順序で処理しようと同じ時間が加算されるので考える必要はない）．A, C, Bの順に実行した場合には，Aの待ち時間は1時間，Bの待ち時間は（Aが終わった後の10時からスタートして2時間かかるので）3時間，Cの待ち時間は8時間で，全部の合計は12時間である．他の順序で，例えばCを先にしてしまうと，Cの待ち時間が2時間，Aの待ち時間が3時間，Cが8時間で全体が13時間に増えてしまう．最悪はB, C, Aの順序で，仕事の待ち時間の合計は20時間になってしまう．仕事をする人が働く時間はどれも同じなので，どの順番を取ろうと損は全くない．仕事が次々に（異なった時刻に）来る場合で各仕事が中断できる場合には，新しい仕事が来た時に各仕事の「残り実行時間」を見て，それが最小の仕事を開始または再開すればよい．やはり同様の意味で最適なアルゴリズムになっていることが容易に分かる．仕事に重要度や優先度がある場合は少し複雑になってくるが，理論的解析はかなり進んでいる．

　仕事に期限がある場合はどうであろうか．今，午前9時で手元にはやはり上の三つの仕事がある．今回は，期限も設定されている．AとCが午後1時，Bが午後4時だとしよう．この場合，どんな順序でやったとしても（上で見たように最後の仕事が終わるのは午後5時なので）全部片づけることは不可能である．堂々とできないと言えばよい．そこで期限の設定が，何らかの順序で実行すれば全部実行できるようになっているとしよう．その場合は，仕事の実行時間は無視して，**期限優先戦略**を取るのがよい．名前が示すとおり，ある仕事が来た時点で，期限が最も迫っている仕事を実行するのである．上と同様に，現在

第 2 章　アイドルタイム

実行中の仕事を一時中断して他の仕事に移行することもありうる．例を見てみよう．朝の 9 時の時点で A と B が手元にある．A は 2 時間かかり期限が午後 4 時，B は 1 時間かかり期限は午後 5 時である．そこで，期限が最も近い A から始める．ところが，9 時半に別の仕事 C が来た．その実行時間は 5 時間で，期限が午後 3 時である．そこで，A の実行を一時中断して C を実行する．2 時半に終わるので，その時点で（やはり期限が一番迫っている）A を再開すればよい．C が来た時に，深く考えずに，いったん始めたのだから切りを付けてしまおうと A をそのまま続けてしまうと，C を諦めることになってしまう．今は仕事は自由に中断できるし，中断しても何のコストもかからない環境を考えている．そのような環境では，上の期限優先戦略は次の意味で最適である．つまり，次々と与えられるいくつかの仕事のリストに対して，もしそれらを何らかの実行順序で全て実行できるなら，期限優先戦略で実行できるのである（上の例で見るなら，先に B から始めて終わってから C，最後に A という順序も可能であるが，それならこの期限優先でも必ずできる）．

　せっかくなので証明してみよう．今，午後 1 時としよう．いくつかの仕事がある中で，期限が 3 時と 5 時の仕事 A と B があったとする．B のほうが期限が遅いのであるが，それを先にやって次に A をやっても 3 時の期限に間に合うとする．ということは，B と A の作業時間の和が 2 時間以内ということである（B と A をやって 3 時までに終了する）．ということは，当然 A の作業時間も 2 時間以内なので，逆の順序で実行しても（A は期限以内に終わるので）問題ない．このことを繰り返し適用していけば，任意の（期限を侵さない）実行順序から期限優先の実行順序を（やはりどの期限も侵さないで）構成することができる．もし実行順序に自由度があるなら，その範囲内で前に述べた仕事の待ち時間の合計を最小化するような順番がよいであろう．考えてみてほしい．

より複雑なモデルを考えてみよう．ここでモデルとい

う言葉を使ってしまったが，アルゴリズム屋の常套語である．アルゴ
リズムは実世界によく現れる問題を対象にすることが多いが，そのま
までは複雑な諸要素が入っている場合が多い．例えば，上の最初の例の
場合にも，各仕事の重要度，どの順番でやるかや実行する時間帯で違っ
てくる実行時間，途中で要求が修正される可能性，等々現実には起こり
うる．しかし，そのような詳細を全て考慮に入れたうえで解析すること
は，ほとんどの場合不可能である．そこで，そういった複雑な問題の一
部の重要と思われる要素のみを取り出して抽象化し，ある程度の数学的
議論に耐えられるような形に単純化するのである．そうして単純化され
たものがモデルである．

　より複雑と言ったのは，一つの仕事が二つの<u>工程</u>からなっているから
である．例えば，仕事 A は工程 1 に 1 時間，工程 2 に 3 時間といった
具合である．工程 2 は必ず工程 1 の後で行われなければならない．さ
らに，工程 1 を実行する人（機械）と工程 2 を実行する人（機械）が
別に存在して，同時に作業を行うことができる．例えば料理の場合な
ら，素材を準備（洗ったり切ったり）する人と，それを調理する別の人
が（1 名ずつ）いるというような場合を考えればよい．以後，簡単のた
めに，工程 1 と工程 2 の時間を並べて A ＝ (1,3) と書くことにしよう．
他の二つの仕事を B ＝ (5,6)，C ＝ (3,2) とする．例えば，A, B, C の順
に実行したとしよう．図 2.1 の（1）に示されるように全部が終了する
までに 14 時間かかっている．工程 1 を実行する機械が M_1，工程 2 を
実行する機械が M_2 である．忘れてならないのは，A の工程 1 を実行
している間は，その工程 2 は実行できないという約束である．よって
$p_1 = 1$ のアイドルタイムができてしまう．同様に，B に関して $p_2 = 2$
のアイドルタイムができてしまう．ただし，もし B の第 1 工程の長さ
が短くて，例えば 3 であるならこの p_2 のアイドルタイムはゼロにな
る．

　この実行順序は実は最適である．p_1 のアイドルタイムは絶対阻止で
きないので，第 1 工程の短い A を最初に実行するのは良さそうである．
B と C の実行順序を変えると，同図（2）のようになって，全体の実行

第 2 章　アイドルタイム

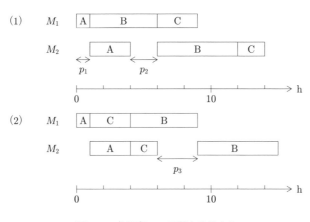

図 2.1　各仕事の 2 工程を実行する

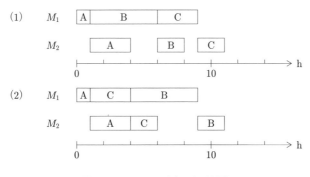

図 2.2　ABC の順番がまだ最適

時間が 1 時間延びてしまう．注意してほしいのは，仕事 B の工程 1, 2 の時間を多少変えても (1) の優位性は変化しないということである．例えば，B の工程 1 の時間を -2 すると，(1) の p_2 がゼロになるので (1) が明らかに最適である．-1 すると，p_2 と p_3 が共に 1 減って終了時刻の差も変化しないから，やはり A,B,C の順序の (1) がベターである．大きくすると，p_2 と p_3 が共に同じだけ増えていく．B の第 2 工程にしても，それが 2 以上であれば，M_2 の終了時間が (1) と (2) で同じだけ増減する．B の第 2 工程が 2 の時に，図 2.2 に示すように二つの戦略がちょうど同じ終了時刻になる．B の第 2 工程が 1 になると，同

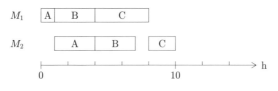

図 **2.3** 最後の仕事のアイドルタイム

図から容易に想像できるように，(1) の優位性が崩れてしまい，(2) のほうが早く終了する．

このモデルの最適アルゴリズムは「Johnson のアルゴリズム」として古くから知られている．それは以下の作業を繰り返し実行することである．

- 工程 1，工程 2 に関係なく最短の実行時間を探して，その仕事を X とする．その時間が工程 1 であれば X をできるだけ前のほうで実行し，工程 2 であればできるだけ後ろで実行する．X を仕事の集合から除外する．

今の例で見ると，最小の時間は 1 で，それは A の第 1 工程である．なので，A を最初に持っていく．A を消すと，次の最小は C の 2 で，第 2 工程なので，C を最後に持っていく．残ったのは B だけなので，A と C の間に入れる．これが (1) である．ちなみに，さらに D = (4, 2) が追加されると，A が最初になるのは同じだが次の最小値が 2 で C と D の二つある．どちらでもよいので，例えば C を最後にする．次の最小値も 2 で工程 2 なので，D をできるだけ後ろ（つまり C の前）にする．最後に残った B を A と D の間に入れる．これが最適である．全体の最小値が工程 1 であれば最初に実行するというのは，図 2.1 で見た絶対に防げない p_1 を最小にしたいという意味で直観的に説明できる．全体の最小値が工程 2 なら最後に実行すべきであるというのは図 2.3 のように考えればよい．つまり，工程 2 のほうが全体的に短い場合は，最後の仕事の工程 2 の時間が同様の意味でどうしても防げない M_1 のアイドルタイムになるからである．図 2.2 の B の第 2 工程を 1 にした場合のことを思い出してほしい．なお，最適性の証明は結構込み入っているの

第2章　アイドルタイム

でここでは与えないが，そこまで難解ではないので興味のある人は Web
で検索されることをお勧めする（「スケジューリング問題，Johnson」
でググれば出てくる）．

　実世界のスケジューリング問題は規模の大きなものがいくら
でもある．大病院の看護師さんの勤務スケジュール，京都市バスの運転
手の勤務スケジュール，全日空の機材利用スケジュール，プロ野球の試
合スケジュール等々，挙げれば切りがない．一昔前まではベテランの専
門家が鉛筆をなめなめ膨大なスケジュール表を作っていたらしいが，今
はかなり自動化されていると聞く．例えばプロ野球のスケジュールは，
移動の問題，土日の開催の問題，球場が全天候かどうかなど考慮すべ
き条件が多く，かつそれが各チームの損得に絡んでくるので，ある程度
の説得力が要求され，想像以上に大変らしい（以前は，君臨する某球団
に有利なようにスケジュールされているとかの噂があった）．なかでも
最大のスケジューリング問題は実は戦争で，兵士や機材だけでなく，補
給という極めて重要な要素が入ってくる．**オペレーションズリサーチ**
(OS) と呼ばれる学問分野は，正に戦争のスケジューリングそのものか
ら欧米でスタートし，第二次大戦以前から既に優秀な人材と膨大な資金
を投入して研究が進められ，実際にも広く応用された．ひるがえって，
我が国のこの分野の当時のレベルや重要性の認識度は極めて低く，それ
が勝敗を分けたという説が強く囁かれている．

　もっと身近な例で，事業の成功失敗に大きく関係する問題もある．町
工場の社長さんが仕事をとってきて，従業員に割り振る問題が典型的
な例である．来るもの拒まずで，どんどん受け入れてしまったはよい
が，約束しただけの分ができなかったり，事故を起こしたり，雑になっ
たりで，結局は信用を失って倒産という憂き目に遭う．これは，**ビン詰
め問題**とか，**ナップザック問題**と呼ばれる問題として定式化され，多く
の研究がある．前者なら，入力は 1 以下の正数（アイテムと呼ばれる）
の集合でアルゴリズムがすべきことは，それらを容量 1 のビンに（ビ
ンがあふれることなく，また各アイテムは分割せずに），できるだけ少

ないビンを使って詰め込むことである. 例えば, アイテム集合が,

$$0.65, 0.3, 0.25, 0.24, 0.23, 0.22, 0.1$$

の場合, 最初の二つのアイテムを同じビンに入れてしまうと, 三つのビンが必要になってしまう. もちろん, 最適解は二つのビンで, その詰め方は簡単に分かるであろう. 各ビンが従業員でアイテムが各仕事に対応していると考えれば(かなり抽象化されてはいるが)上の町工場の社長さんの問題である. これもアイテムの数が多くなると急に難しくなる問題として有名であるが, 少し妥協すれば, 良い解き方が数多く知られている. この辺りは後の章で説明する.

第3章
人事部長の悩み

　京都の地場産業は多くの場合，オーナー企業である．よってオーナー企業特有の面白さがある．有名な話であるが，任天堂の社長が京大病院に入院した時に，病棟が古いボロボロの建物であったことに心を痛めて，退院後に何十億かをポンと寄付して新しい病棟を作らせてしまった．これだけではなくて，京大には企業名（というかオーナー名）を冠した建物が結構多い．諸外国では建物に人の名前（寄付で建てられたという場合が多い）を付けるのは珍しくも何ともないが，我が国では工学部何号館などといった無味乾燥な名前が普通であるなかで，異彩を放っていると言ってよい．堀場雅夫氏なども破天荒な経営者としてよく知られている．私が学生のころ，研究室でもたびたびお見かけした．長い髪の毛を後ろでポニーテールでまとめているのが強く印象に残っている．お世話になった先生がかなり親しくしていて，ちょうど学位を取ったころに，「京都にいるんなら知り合って損はないので紹介してあげる」と仰ってくれたのであるが，（理論に燃えていた）当時は特に興味もなく断ってしまった．今になってみれば，惜しいことをしたものである．

　任天堂に関しては少し思い出がある．私は学生のころにコントラクトブリッジのサークルに入っていて，結構いい線まで行った（全国大会の優勝，準優勝等の経験がある）．任天堂は関西での大会のスポンサーで，毎年上級学年の学生が挨拶（お礼）に行くのが習慣になっていた．

23

私も4年の時に，2人の学友と一緒に京都駅から歩いて20分くらいの本社に伺った．本社と言っても当時は（主要製品は花札とトランプだった）町工場に毛がはえた程度の会社で，確か工場の一角の事務室のようなところに通された．実はこの年は若干のトラブルがあって，この時はお詫びも兼ねた訪問であったが，課長クラスの担当者からかなり油を絞られて，非常にイメージを悪くした．だいぶ後になって，子供からファミコンをねだられた時も，この時のことを思い出してしまい気分を悪くした．ゲーム機で業績が絶好調だったころ，京大生の就職先としてもトップクラスの人気で研究室からも結構な数の学生が受験したらしい．しかし，少し驚いたのは，なかなか採用に至らないのである．以下の話はもちろんフィクションではあるが，こういった京都のオーナー企業であれば，あながちありえない話ではないと思っている．

アルゴリズムの良さをどのように主張するかが本章の主題である．例えば，最短経路問題に対するアルゴリズムなら，そのアルゴリズムによって得られる経路の短さや移動時間の少なさといった比較的分かりやすい尺度がある．しかし，例えば出てきた結果があまり芳しいものではなかった（えー，もっと短い経路はないのー，って言われてしまった）時は，その理由を説明しなくてはならず，そのためにはその解が最適かそれに近いことを証明する必要がある．これは多くの場合，決して易しい作業ではないのである．前の章の料理人や給仕さんの場合でも，彼らのアルゴリズムは身に付いたものであって，つまりその評価は人間の有能さの評価に他ならない．多くの場合，正当に評価されて給料に跳ね返ってくるはずであるが，絶対とは言えない．そこに人間社会のあやがあり，それがまた文学作品などの主題になることも多いのであるが，できるなら不幸な事態は避けたい．アルゴリズムの設計に時間がかかるのは当たり前であるが，出来上がったアルゴリズムの良さの主張に，より多くの時間をかけてもよいくらいである．

　ある会社の新人採用の話である．今まで普通どおりに面接や適正検査でやってきたが，どうも労力の割に効果が出ていないのではないかと

第 3 章　人事部長の悩み

社長がいぶかっている．そこで，ある年に，思い切って学科試験で単純
に成績を出してみようということになった．社長の指示で，試験科目は
数学と古文に決まった（面白い組合せであるが，オーナー社長の一声で
あった）．ここから後は人事部長の出番である．知り合いの大学教授に
大枚をはたいて問題を作ってもらい，結果的には点数も適度にばらけ
ていてまあまあ成功であった．人事部長が胸をなで下ろしたのは言うま
でもない．そこで試験の点数表を持参して社長に面会し，どのような方
針で何人くらい採用すればよいかを聞いた．ユニークな試験科目を考え
るだけに，その採用方針も一筋縄ではなく，「上から下まで満遍なく採
れ」の一言であった．さらに「業績が良いので去年の倍くらいまで問題
ない」とのことである．

　業績が良いということで 1000 人もの新卒者が受験してくれたので，
結構絞らないといけない．さらには，上から下までという社長の指示で
ある．もし 1 科目の試験であるなら，点数で上から並べて，例えば 100
人の採用であるなら 10 人おきに合格を出していけばよさそうである．
しかし今回は 2 科目である．平均をとるという誰でも考えそうな方法
もあるが，性質の全く違う数学と漢文の平均をとることに何の意味があ
る，と社長につっこまれそうである．

　さんざん考えたあげく，人事部長はうまい方法を思いついた．仮に
10 人の点数が以下の表のようになっていたとしよう．

受験生	1	2	3	4	5	6	7	8	9	10
数学	45	20	86	48	90	95	25	40	50	65
古文	50	33	90	30	45	65	60	80	75	25

これを，まず数学の点数でソートする．ソートとは，出鱈目に並んだ数
を小さい数から順々に並べ替えることである．今，左から右に数学の点
数が増加するように受験生をソートすると，次のような表になる．

受験生	2	7	8	1	4	9	10	3	5	6
数学	20	25	40	45	48	50	65	86	90	95
古文	33	60	80	50	30	75	25	90	45	65

この表から，右に行くほど古文の点数が減少しているような受験生の列を選ぶのである．今の場合はそんな 3 名の列がいくつか選べる．受験生 8, 1, 4 とか，受験生 8, 9, 5 とかである．後者を見てみると，古文の 10 個の数字の並びから，3 個の数字 80, 75, 45 を抜き出している．これを**減少部分列**と呼ぶ．部分列とは数字の並びからその一部分（飛び飛びでよい）を抜き出したような列で，列と言った時は通常左から右に読むので，それが減少していれば減少列である．あるいは，右に行くほど古文の点数が増加しているような部分列なら**増加部分列**である．今の場合は，例えば，33, 50, 75, 90 という増加部分列を抜き出すことができて，これは受験生で言えば，2, 1, 9, 3 の列に対応する．

　人事部長のアイデアとは，このような減少部分列か増加部分列を考えて，それを採用の候補にしようというものであった．減少部分列なら，数学は点数が良くなっていくが古文の点数は悪くなっていく受験生の列で，増加部分列ならどちらも良くなっていく受験生の列である．点数の分布に正の相関（数学が良ければ古文も良いという傾向）があれば，前者の長さは小さくなってしまうし，負の相関があれば後者の列の長さが短くなってしまう．よって，少なくとも一方の列はそこそこの長さが確保されるはずで，それを採用の候補にすれば，「上から下まで満遍なく」と「十分な人数」という社長の条件を共に満足させられると考えたのである．

　社長もこのアイデアには大いに感銘した．特に「満遍なく」という条件に関しては文句の付けようがないと大いに褒められた．ということで，人事部長は胸をなで下ろしたのであるが，彼にも多少の不安があった．それはもう一つの条件「十分な人数」のことで，少なくとも相関が偏ったデータなら問題なさそうだという漠然とした観測は持っていたが，「どんな点数の分布でも大丈夫なのか」に関しては自信がなかった．

第 3 章　人事部長の悩み

案の定，社長にそこを突かれてしまった．「ところで候補者の数に関して何らかの保証はあるんか？」と聞かれてしまったのである．こういう場合に上のような漠然とした観測や予想を言うのは危険で，レベルの高い相手ならどんどん突っ込まれて，当然うまく答えることはできないので，信用を失ってしまうことになる．人事部長は「その点に関しましては少しお時間を頂戴します」と言って引き下がった．

　採用者数の下限を求めたいのであるが，まずは問題を整理してみよう．数学の点数で，受験生をソートした後の古文の点数の列はどんな並びになっているか，よく分からない．理論上はどんな並び方も出現する可能性がある．今の場合の「数」は試験の点数で 0 から 100 までの数になっているが，受験生が n 人いて，その点数が全て異なっていると仮定すれば，点数は 1 から n のどれかと考えても大小関係は保たれる．つまり点数を順位に直してしまうのである．このように考えれば，与えられる入力は 1 から n の数が出鱈目に並んだ列で，その中から，増加部分列か減少部分列のより長いほうを見つける問題になる．見つける方法は後回しにして，とりあえず社長の突っ込みに対応するには，この長いほうの列の長さが最小でもこれこれであるという保証を得ることである．

　幸いなことに，これは有名な問題で，その結果は「Erdős-Szekeres 定理」として知られている．以下で，その証明を見てみよう（ややこしいと思われたら結果だけ知っていただいて，証明は読み飛ばしてもらっても何ら問題ない）．なお，n 個の整数の**順列**とは n 個の整数を適当な順序で並べたものを言う．高校で習ったように，$n!$ 個の異なった順列が存在する（! は**階乗**と呼ばれる演算であった．忘れてしまった方は思い出してほしい．1 から 10 までの数字の並べ方の総数は，最初の数が 10 通り，次の数が最初に使った数を除いた 9 通り，次が 8 通りと続いていく．つまりその総数は $10 \times 9 \times 8 \times \cdots \times 2 \times 1$ であり，この 10 個の数の積を 10! で表すのであった．1 から 3 の 3 個の数字の並べ方は，$1,2,3 \mid 1,3,2 \mid 2,1,3 \mid 2,3,1 \mid 3,1,2 \mid 3,2,1$ の $3! = 3 \times 2 \times 1 = 6$ 通り

27

である).

Erdős-Szekeres 定理は以下のことを主張している. 1 から n の n 個の整数の任意の順列に対し, 少なくとも長さ $\sqrt{n}$ 以上の増加または減少部分列が存在する.

オリジナルの証明はほんの数行というコンパクトなものであるが, 以下ではその行間を補ってゆっくりやってみる. どれでもよいから一つ順列を取って $S = x_1 x_2 \cdots x_n$ としよう. 各 x_i は 1 から n のどれかの整数であり, 全て異なっている. 証明すべきは, S に少なくとも長さ $\sqrt{n}$ 以上の増加または減少部分列が存在することである. もし, $\sqrt{n}$ の増加部分列が存在するなら終わりなので, 存在しないと仮定して, 以下で $\sqrt{n}$ 以上の減少部分列が存在することを示す.

以下のような集合 $K_i (i = 1, \ldots, n)$ を定義する.

$$K_i = \{k \mid x_k \text{で終わる最長の増加部分列の長さが } i\}$$

この集合の意味が分からないと話にならないので (私自身も最初理解するのに時間がかかった), 少し詳しく説明する. 例えば, 以下の順列を見てみよう (通常「列」と言った時はカンマで区切ることはしないが, 以下では見やすさのためにカンマを使用する).

$$6, 3, 2, 5, 8, 10, 1, 7, 9, 4$$

前から 5 番目の数 (つまり x_5) は 8 で, その 8 で終わる増加部分列は例えば 5, 8 とか色々ある. しかし, 最長のものは 3, 5, 8 か 2, 5, 8 で長さは 3 である. したがって, x_5 の下付きの 5 が K_3 に入ることが分かる. 同様に $x_8 = 7$ で終わる最長増加部分列の長さも 3 である. 他の x_i で終わる長さ 3 の最長増加部分列はないので, $K_3 = \{5, 8\}$ である. K_2 はどうであろうか. そこで終わる最長の増加部分列の長さが 2 になるのは $x_4 = 5$ (2,5 と 3,5 の長さ 2 の増加部分列が二つある) と $x_{10} = 4$ であるから, $K_2 = \{4, 10\}$ である.

この K_i は以下の性質を持つ.

(1) 1 から n までの数はいずれかの K_i に入る (例えば, 7 なら x_7 で

28

終わる最長の増加部分列の長さの下付きを持つ K に入る).

(2) $i \neq j$ なら $K_i \cap K_j = \emptyset$ である（例えば，K_3 と K_5 が同じ数を含むことはないと言っている．もし同じ数，例えば 8 を含むと x_8 で終わる最長の部分列の長さが 3 であり，かつ 5 であると言っていることになり，明らかにおかしい）.

(3) $K_{\sqrt{n}} = K_{\sqrt{n}+1} = \cdots = \emptyset$（空集合）である（最長の増加部分列の長さが $\sqrt{n} - 1$ 以下であると仮定したので，これらの集合に何か数字が入ることはありえない）.

つまり，まとめると，1 から n までの数の各々が，K_1 から $K_{\sqrt{n}-1}$ の $\sqrt{n} - 1$ 個の集合のいずれかに必ず入り，二つ以上の集合に同時に入ることはない，ということは，K_1 から $K_{\sqrt{n}-1}$ の中で，少なくとも $\sqrt{n}$ 個の要素を持つ集合が必ず存在する（これは大丈夫であろうか．例えば 10 個のお菓子を 4 人に分ければ，どんな分け方をしても，10 を 4 で割った 2.5 を整数に切り上げた 3 個以上もらう人が必ず存在する）.そのような集合を，

$$K_j = \{i_1, i_2, \ldots, i_m\} \quad (i_1 < i_2 < \cdots < i_m)$$

としよう．すると

$$x_{i_1} > x_{i_2} > \cdots > x_{i_m}$$

になっている，つまり長さ m（$m \geq \sqrt{n}$ である）の減少部分列が取れたのである.

最後の部分が理解できない時は，前の例をもう一回見てほしい．K_3 が 5 と 8 を含むことを言ったが，$x_5 = 8$，$x_8 = 7$ で確かに減少列になっている．もし x_8 のほうが大きかったら，x_8 で終わる最長の増加列の長さは x_5 で終わる最長の増加列の長さより少なくとも 1 大きいはずであって，同じ K_3 に入ることはありえない．（証明終り）

ということで，平方根程度の長さは保証されるのである．人事部長の場合は受験者が 1000 人なので，最低でも 32 名程度の候補者が確保されることになる．なお，実際に，増加部分列も減少部分列も平方根程度

の長さしかない例が存在する．つまり上の定理はこれ以上強めることができない．$\sqrt{n}$ を $\sqrt{n}+1$ 以上に改良できないのである．例えば $n=16$ の場合，

$$4, 3, 2, 1, 8, 7, 6, 5, 12, 11, 10, 9, 16, 15, 14, 13$$

は増加部分列も減少部分列も長さは 4 以下である．なお，このような意地悪な列でないなら，どちらかが平方根より長くなることが知られている．例えば列がランダムなら（つまり，$n!$ 個の順列が均等に与えられるなら）増加部分列の平均的長さは $2\sqrt{n}$ になり，上の最悪の場合に比べて 2 倍長くなることが分かっている（が，証明は極めて困難である）．人事部長は上の定理やこの平均的な場合のことを説明して，めでたく社長のお許しを得ることができた．

増加または減少部分列を実際に求めることが次の課題である．つまり，以下では最長の増加または減少の部分列を求めるアルゴリズムを設計する．増加，減少の違いはほとんどないので，以下では最長の増加部分列の求め方を与える．

最も単純なアルゴリズムは**総当り**である．例えば，長さ 10 の列が与えられたとして，それを，

$$S = x_1 x_2 x_3 x_4 x_5 x_6 x_7 x_8 x_9 x_{10}$$

としよう．要は全ての部分列を書き出して，その中から増加部分列を選択し，さらに最も長いものを答えにすればよい．全ての部分列を書き出す方法は簡単で，0 から 1023 までの数（00$\cdots$0 から 11$\cdots$1 までの 10 桁の 2 進数）を全て書き出し，各 2 進数の 0 に対応する x_i を消して対応する部分列とする．例えば，2 進数が 0011011100 なら対応する部分列は $x_3 x_4 x_6 x_7 x_8$ である．

この方法は単純で良いが，入力列の長さが長くなると計算時間が急に増加する．今のように $n=10$ くらいなら最新のコンピュータで全ての部分列を書き出すのは簡単である．それぞれの部分列が増加部分列にな

っているかどうかの判定も簡単なので問題ない．しかし，長さが例えば50になったらどうであろうか．部分列の数は $2^{50} \approx 10^{15}$ くらいに増加し，仮に1秒に100万個くらいの部分列を書き出せたとしても，全部書き出すのに 10^9 秒，すなわち，35年くらいかかってしまうのである．これでは話にならない．

　実は，こういった問題に遭遇した時，アルゴリズム屋は瞬時にあるテクニックの可能性を考える．それは**動的計画法**と呼ばれるテクニックで，計算時間を大幅に減らすことができるのである．どんな問題にも適用できるとは限らないが，幸いなことに，この問題にはドンピシャで適用できるのである．次の例を使って説明する．

$$3, 5, 2, 4, 8, 10, 1, 7, 9, 6$$

　上の総当りでは，闇雲に全体の部分列を考えたが，今度はまず最初のほうの部分の部分列を考える．例えば，はじめの長さ4のところ（3,5,2,4）までを考えてみると，部分列は $2^4 = 16$ 通りある．しかし，その中で例えば3,5,2などというのは増加列になっていないので考える必要がない．増加列だけ考えれば，長さ1のものが，3と5と2と4の4通り，長さ2のものが，3,5と2,4と3,4の3通りある．長さ3以上は存在しない．16個から7個に減った．

　実はさらに減らすことができて，例えば長さ2の三つの部分列は，将来もっと長い増加部分列になる可能性がある．しかし，3,5の後に数字が追加されて長くなる場合は，同じ数字で2,4や3,4も同じだけ延ばすことができる．つまり，3,5は捨ててしまってよいし，2,4と3,4にしてもどちらか一方だけで十分である．長さ1のものも同様に考えて，2を一つだけ考えれば十分である．つまり，同じ長さの部分列は最後の数字が一番小さいものの中から一つだけ任意に選んで，それだけ考えればよいのである．こうして，与えられた列の前のほうの長さ4まででは，たった2個の部分列2と2,4を考えればよいことが分かった．このように，一見すると全て憶えておかねばならないように見える多くの可能性が存在するが，注意して見れば，憶えておく必要のあるものは極

端に減少する場合があるというのが動的計画法の基本的アイデアである．ここで，なぜ短い2も憶えておかねばならないかを説明しておこう．実は今の場合，この2は本当は必要ないのであるが，一般に短いほうの列の最後の数字 x が，長いほうの列の最後の数字 y よりも小さい場合，将来それが y よりも小さい数字で延びていって，長いほうを追い越すかもしれないからである（今の場合は2より大きな3は既に出てきてしまっているので，このようなことは起こらない）．

このように，列の前から見ていって，そこまでの増加部分列で将来使えそうなものを憶えておく（実際は長さ1からやっていくのであるが）．今，長さ4までできたので，次の長さ5を考えよう．次の数字は8である．そこで，以下の部分列を考えることになる．

$$2 \mid 2,4 \mid 8 \mid 2,8 \mid 2,4,8$$

一つ前までの部分列（2と2,4）はここでも当然部分列であるし，それらに新しい数字8を付け加えたものも部分列である．8自身も新しい長さ1の部分列になるので忘れないように．そこで，長さ1と2の部分列が二つに増えてしまったが，上で述べたように最後の数字が最小のものだけ考えればいいので，8と2,8は捨ててしまう．こうして，この段階で保持しないといけないのは，

$$2 \mid 2,4 \mid 2,4,8$$

である．さらに10, 1, 7, 9, 6と読み進めていくと，保持しないといけない（増加）部分列は，以下のように変化していく（次の10で，共に10で終わる長さ3と4の列ができるが，短いほうは当然捨ててしまって構わない）．

$$(\text{Read } 10) : 2 \mid 2,4 \mid 2,4,8,10$$

（次は1で，長さ1の部分列を置き換えるが，現在の部分列に付けると増加性が壊れてしまうので，他は変化しない．よって次のようになる．）

第 3 章　人事部長の悩み

(Read 1) : 1 | 2, 4 | 2, 4, 8, 10

(Read 7) : 1 | 2, 4 | 2, 4, 7 | 2, 4, 8, 10

(Read 9) : 1 | 2, 4 | 2, 4, 7 | 2, 4, 7, 9

(Read 6) : 1 | 2, 4 | 2, 4, 6 | 2, 4, 7, 9

こうして，最長の増加部分列は 2,4,7,9 であることが分かるのである．アルゴリズムがやったことは，与えられた列を左から順に読んでいって，各長さで最大 1 個のそれまでの（増加）部分列を記憶する．新たに数字を読むたびに，その記憶された部分列を上で述べたルールで更新していくだけである．これなら長さ 100 万でもできそうであって，「闇雲総当り」の長さ 50（も無理そうだったこと）とは比べ物にならない．

$\textbf{動的計画法}$は極めて強力である．せっかくなので，もう一つの応用例を紹介しておこう．それは，まえがきで出てきた分割問題である．分割問題は，いくつかの整数が与えられて，それらを和が等しい二つのグループに分割することができるかを判定する問題である（判定ができれば，実際に分割を求めることも似たような計算でできることを後の章で説明する）．以下の整数が与えられたとしよう（順番はどうでもいいが，まあソートは簡単なのでソートされているとしてもよい）.

$$5, 10, 15, 18, 25, 37, 40$$

全部の数字を足すと 150 なので，和がその半分の 75 になる数の集合が取り出せるかどうかという問題と等価である．もちろん，前と同様に「闇雲総当り」で 2^7 通りの部分集合をチェックすればできるが，数字の数が 50 個にでもなれば現実的な時間では到底できない．そこで動的計画法を使うのである．

　前と同様に前から順に見ていって，それまでに出てくる異なった部分集合をリストアップしていく．最初は {5} だけである．次は 10 で，憶えるべき部分集合は，

33

$$\{5\}, \{10\}, \{5, 10\}$$

に増える．次が 15 で，

$$\{5\}, \{10\}, \{15\}, \{5, 10\}, \{5, 15\}, \{10, 15\}, \{5.10.15\}$$

と爆発的に増えていく．しかし，ここで動的計画法のアイデアが生か
せる．前と同じように「無駄」で憶えておかなくてもよい部分集合が
出てきた．それは，$\{5, 10\}$ である．というのは，その直前に $\{15\}$ が
あるではないか．それらの和は共に 15 で，$\{5, 10\}$ にこれから後に数
が加わっていって目標の 75 になるなら，$\{15\}$ に同じ数を加えれば，や
はり 75 になる．つまり，どちらかを憶えておけばよいので，両方憶え
る必要はない．というか，各数字を読み込んだ時に，それまでの数の
部分集合で実現できる和の値だけを憶えておけば十分であることが分
かるであろう．つまり，5,10,15 を読んだ時点で実現できる和の値は，
5,10,15,20,25,30 であるから，これら 6 個の値を憶えておけばよいので
ある．

　新しい数を読んだ時に，この実現できる和のリストを更新していくの
であるが，そのやり方は簡単である．今の場合，次の数が 18 である．
したがって 18 はもちろん実現できるし，今の 6 個の和に 18 を加えた
数も実現できる．こうして進めていって，和の中に 75 が出てくれば終
わりである（答えは分割できる）．また，和が 75 を超えてしまった場
合もその値は憶える必要がない．つまり，各数字を読み込んだ時点で，
最大でも 75 個の数を憶えておけばよいのである．

　したがって，目標の値（今の場合は 75）がそれほど大きくなければ
十分高速に計算できる．問題は目標の値がとてつもなく大きな場合であ
る．数字の個数そのものは 50 個程度しかなくても，目標とする部分集
合の和の値が 30 桁にもなる巨大な数であったらどうであろうか．そう
なると，上で言った「憶えておくべき値」の上限も 30 桁程度になって
しまって始末に負えない．その場合は与えられた各整数も（少なくとも
一部は）大きな値を持つはずである．つまり，与えられた整数の大きさ

34

がある程度の大きさであるなら動的計画法が生きるが，そうでなければ使い物にならないことを意味する．実は，そのような各数字の値が大きい場合のうまいやり方は知られておらず，計算機にとって難問の一つなのである（後のほうの章で再び出てくる）．

最後に，入力の大きさを一般的に n とした時の計算量（計算の手間）に関して簡単に述べておく．分割問題の場合，n 個の整数が与えられる．総当り法では 2^n の部分集合をチェックしないといけない．この 2^n が，いわゆる指数関数であるから困るのである．がまの油売りでよく知られているように，この関数の値は n の増加とともに爆発的に増加してしまう．n が 100 くらいで，もう宇宙全体の粒子の数にまでなってしまうとすら言われていて，計算量がこの関数で増加するなら，せいぜい n の値にして 20 から 30 までと思ったほうがよい．それに対して動的計画法では，もし各整数の値が n を超えないなら，目標とする合計は n^2 を超えない．つまり，大雑把に言って，憶えておくべき数が n^2，ステップ数が n なので，計算の手数は n^3 くらいで抑えられるのである．そうなれば，現在の高速計算機であれば 100 万くらいの n は全く問題ない．計算の手数が多項式か指数かは，これほど違うのである．「闇雲総当り」はアマチュアの考えで，プロは動的計画法が使えるかどうかを考える．何事でもプロとアマの差は大きいが，アルゴリズムの世界も全く同様である．

第4章
チームワーク

　駅伝と言えば箱根駅伝である．あまりにも有名になってしまって，有望な長距離ランナーが皆東京の大学に行ってしまう，と他の大学が嘆いている．私が最初に勤務した京都産業大学も以前は長距離が結構強かったのであるが，最近は見る影もない．しかし，駅伝はこれだけではない．特に京都は二つの大きな大会を開催している．高校駅伝と女子駅伝で，年末年始の恒例になっている．歴代の駅伝のテレビ最高視聴率は女子駅伝が持っているそうで，京都のイベントとしては横綱級である．（他にも三大祭り，大文字山焼き等々イベントには事欠かない．少し脱線するが，以前は山焼きの日でさえも大学の建物の屋上に上がれた．私の友人がいた某学部のビル屋上が特等席と言われ，京都の送り火が順番で点火されていく姿の全てが見えたし，大宴会の場になっていた．その男が言うには，特に舟形が難関で，五山全てが見える場所は非常に限られているとのことである．当然，今は常にロックされている．世知辛い世の中になったものである．）

　両駅伝とも（同じ）コースが上手に設定してあって，多くの市民にとって「すぐ近くで参加（応援）できる」貴重な機会になっている．実際，私も今まで何回か引っ越したが，いずれも5分も歩けばコースに出られる場所であった．直前になると出場チームの選手が早朝とかにコースで練習をしている．私も通勤の時などよく遭遇するが，全くほれぼれする．ジョギングしている素人の人にも同様に遭遇するが，単に走

37

るだけでもここまで違うものかと思う．第1章でも述べたベルリン滞在中にベルリンマラソンがあって，ゴール直前で見ることができた．上位は2時間4，5分で帰ってくるのであるが，これらの選手の体を見た時も本当に感動した．まるで特殊金属で極限まで軽量化したロボットのようであった．一昔前のように，我が国の選手がトップで戦うのは絶対に不可能である．柔道が体重別になったと同じで，こういった競技も人種別にするしかない．

　私は駅伝に詳しいわけではないが，どうも駅伝はチームゲームのようである．各ランナーの持ちタイムの合計が勝敗を決める，のではないそうなのである．言われてみれば確かに，箱根駅伝でも連合チームというのが出てくるが，まあ終わりのほうの順位が多いようである．個々の選手の実力はそこそこらしいが，やはり出場できなかった大学の選手の寄せ集めというところがモチベーションの上がらない原因らしい．チーム競技ということになれば，特に我が国では，雌雄を決するのは監督である．特に高校野球は監督で決まると言われている．中村順司，蔦文也，尾藤公らの名前を出せばオールドファン丸出しであるが，今でも状況は全く変わっておらず，時々スキャンダルめいたニュースさえ出てくる．監督では，京大アメフト部の水野弥一も超有名である．私の大学院時代から大学院を終えたころが全盛期で，研究室でも応援に行くという話がよく出ていた．戦後一貫して負けたことがないくらい君臨していた関学をその地位から引きずり降ろし，このころは実業団も含めて何回も日本一になっている．旧帝大のスポーツでは比類のない活躍ぶりであった．選手の多くは入学後初めてアメフトというものに接する．それを2年とかでここまで持っていくというのは信じられない．多くの（良くないものも含めて）噂があったが，その選手獲得戦術は徹底していたらしい．とにかく入学式などの行事に団員が総出で勧誘をする．その時に，何でもいいから高校でスポーツをやっていた体の大きい子を狙ったらしい（慣れれば，体を一目見て何となく分かるらしい）．さらにはアメフトという種目である．その当時はまだ，はっきり言ってマイナーなスポーツで，鶏口となるも云々ということわざを正に地でいったというし

第 4 章　チームワーク

かない（最近も全国クラスのアスリートが出ているが，競歩とかである
…）．

　多くのリソース（例えば数多くのコンピュータの CPU）
が利用できる場合に，その利点を生かす，つまりチームワークを引き出
す監督の役割をするのが正にアルゴリズムである．手分けして仕事をす
るというのはよくある話である．例えば，西陣の和服や，もっと普通の
紳士スーツでも，いくつかの工程がある．各工程に専門の職人がいて手
分けして完成させるわけである．例えば大衆品のスーツであっても，そ
の工程は 100 を超えるらしい．注意しないといけないのは，これらの
工程には一定の順序があって，その順序で仕上げていかねばならない
ことである．したがって，たった 1 着をつくるのであれば，このよう
に手分けをしても，1 人でやったとしても（そんな万能職人がいたとす
れば）大きな違いはない．もちろん，数多くの（多くの場合同じ）商品
を流れ作業でやるから効果が出るのである．自動車のプラントも全く
同じ考えである．コンピュータによる処理でも流れ作業（パイプライン
処理）は当然取り入れられている．しかし，以下の例（非現実的な例で
恐縮であるが，そのアイデアは実際の処理にも大いに利用されている）
は，このような流れ作業とは全く異なるアイデアでチームワークを引
き出すのである．一見，順番にしなくてはならなさそうに見える仕事で
も，アルゴリズム的発想で大きな変化が出せるのである．

　大学受験のセンター試験がある（今まで何回も名前が変わっているの
で，将来また変わる可能性大である）．5 万人が受験して，各受験生の
順位を受験生自身が協力して計算することになった．ここで問題を面白
くするための人工的なセッティングを採用する．つまり，センターから
各受験生には，その受験生の「次の順位の受験生のメールアドレス」が
送られてくるというものである．受験生はメールをやり取りして自分の
順位を知りたい．さてどうしたらよいであろうか．

　すぐに思いつくのは，1 番の人が 2 番の人に（教えられたアドレス
に）「貴方が 2 番ですよ」というメールを書く．そのメールをもらった

39

人がセンターから送られて来たアドレスに「貴方が3番ですよ」という メールを書く，というアルゴリズムであろう（1番の人がどうやっ て分かるのかという問題があるが，まあ1番の人だけご褒美に知らさ れるとしてもいいし，送られたアドレスに全員一斉にメールを出せば， メールが来なかった人が1番である．どうでもよいことであるが，最 下位の人は次の人のメールアドレスがないのですぐに分かる）．各受験 生はとにかくメールが来るまで待って，来たらそのメールに書いてある 順位（が自分の順位なので）+1を次の人に伝えるという分かりやすい アルゴリズムである．列を作ってボールを頭の上で後ろの人に渡してい くという小学生の時のゲームを思い出していただければよい．

このアルゴリズムは単純で結構ではあるが（基本的にアルゴリズムは シンプルであるほうが美しい），問題はその効率である．1日に何番く らい後ろまでメールが進むかである．メールを読む頻度は人それぞれで あるが，仮に平均的に1日10番（つまり10メール）くらい進むとす る．参加しているのは5万人であるから，これでは5千日かかってし まう．

こういう非効率を解消するのが並列化（チームワーク）

である．小学校の電話網を思い出してほしい．各クラスの生徒の家庭は 六つか七つのグループに分割されている．各グループには代表の家庭が あって，その家庭からグループの家庭に上のボール送りゲームのように 電話していくのである．何か事があった時は，クラスの先生が代表の家 庭に連絡する．その後の連絡はグループごとに並列に進むので（留守だ ったりで現実には結構問題があるが）それなりに早い．全く同じことを してみよう．アルゴリズムを二つのステップに分ける．

（ステップ1）このステップの目的は，1番から10番の人を代表者に した10グループの電話網（電話は使わないが）を作ることである．そ のためには，各人が自分より10番後ろの人のアドレスを知ることがで きればよいことが分かる（最初は自分より1番下の人のアドレスのみ を知っている）．それは簡単な作業で実現でき，図4.1(1)のように，一

40

第 4 章　チームワーク

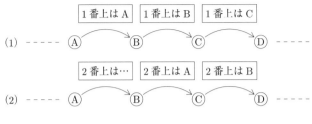

図 4.1　単純な並列化，ステップ 1

斉に全員が次の順位の人に「貴方の 1 番上の人のアドレスはこれこれ（ここに自分のアドレスを書く）です」というメールを送る．受け取った人は，同図 (2) のように，そこに書いてあるアドレスを次の人に「2 番上の人のアドレスです」と伝える．これを 10 回すると，全員が自分より 10 番上の人のアドレスを知ることになる．そこで，全員がその 10 番上の人に自分のアドレスを送る．これで全員が自分より 10 番下の人のアドレスを知った．全員がメールを出すのは同時にできる．もちろん多くの人が絡むのでメールの進み方に影響が出るかもしれないが，上と同じように 1 日 10 メール進むと仮定するとほぼ 1 日で十分である．

　（ステップ 2）こうして，1 位の人は 11 番下の人に「貴方の順位は 11 位です」とメールを書くことができるようになった．次に 11 番の人は 21 番の人に順位を伝えることができる（図 4.2）．2 番の人も同じことを 12 番の人に対してやりたいが，そのためには 2 番の人が自分が 2 番であることを知る必要がある．そこで，上のステップ 1 を少し修正する．つまり，1 番から 11 番の人に限っては，アドレスだけでなく，次の人の順位も伝えることにする．つまり，1 番の人は図の (1) で自分のアドレスとともに「貴方が 2 番ですよ」という情報も一緒に伝え，(2) で 2 番の人が 3 番の人にその順位も伝える．同様に進んで，10 ステップ後には 2 番から 10 番までの人が自分の順位も知ることになる．よって，2 番の人は 12 番，12 番の人は 22 番というように伝えることができ，3 番から 10 番の人も同じである．つまり，このような 10 番飛ばしのボール渡しが，10 ストリーム並列で進むことになるのである．したがって 10 倍速くなって，前の 5000 日が 500 日に改良されること

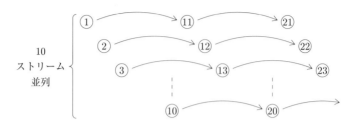

図 4.2 単純な並列化，ステップ 2

になる．

500 日でも全然ダメ，と仰るなら当然，並列度を上げればよい．それは簡単で，ステップ 1 の作業を 10 番下までではなく，もっと下まで行えばいい．例えば 20 番下までやれば，ステップ 2 で並列度を倍にすることができるので 250 日に改良できる．いくらでも早くなるではないかと考えそうであるが，そうはいかない．仮に並列度を 1000 に上げたとする．するとステップ 2 の各ストリームは 1000 ずつ進んでいくので，1 日に 1 万，つまり 5 日で終わってしまう．しかし，今度はステップ 1 が問題になる．1000 位下の人にアドレスを伝えるのに 100 日もかかってしまうのである！ このように，何か二つのことがあって，一方を上げれば他方が下がるという関係の時は，たいていの場合，両者のバランスするところがベストで，今の場合は約 44 日かかる（ステップ 1 で 22 日かけて 220 番後の人に伝え，ステップ 2 も，$50000 \div 220 \div 10 \approx 22$ で約 22 日かかる）．44 日は悪くない．最初の 5000 日から見れば大きな進歩である．アルゴリズムを知らない人でも，ここまでは比較的簡単に到達する．問題はこの先である．

実は 2 日もかからないでできてしまうのである．前章で説明した動的計画法と同様に，アルゴリズムにおける基本中の基本と言われているのが，**倍化**と呼ばれるテクニックである．

（ステップ 0）全員が一斉に自分のアドレスを 1 番下の人（アドレスは既に知っている）に送る．こうして全員が自分より 1 番下と 1 番上の人のアドレスを知る．

第 4 章　チームワーク

（ステップ 1）全員が一斉に自分の 1 番上の人のアドレスを 1 番下の人に伝え，さらに，1 番下の人のアドレスを 1 番上の人に伝える（ステップ 0 の結果，両方とも知っている）．2 番の人は 1 番のアドレスを 3 番の人に伝え，3 番の人のアドレスを 1 番に伝える．3 番の人は 2 番の人のアドレスを 4 番の人に伝え 4 番の人のアドレスを 2 番に伝える．こうして全員が自分より 2 番上と下の人のアドレスを知る．1 番の人は 1 番上の人がいない．そんな場合は 2 番の人にその順位を伝える．

（ステップ 2）「1 番上」と「1 番下」を「2 番上」と「2 番下」に置き換えて同様のことを行う．1 番と 2 番の人は 2 番上がいないし自分の順位を知っている．そこで，それぞれ，（2 番下の）3 番と 4 番の人にその順位（自分の順位 +2）を伝える．

（ステップ 3）「2 番上」と「2 番下」を「4 番上」と「4 番下」に置き換えて同様のことを行う．

ここまでの状況を図で表示してみよう．図 4.3 の（1）がステップ 0 終了時の状況である．各自が自分より 1 番上と 1 番下の人（矢印で示した）のアドレスを知っているし，1 番上の人がいないトップの人は自分の順位を知っている（チェックで示した）．ステップ 1 では，例えば 4 番の人が 3 番のアドレスを 5 番に伝える．なので，5 番は 3 番のアドレスを知ることになる．なお，5 番の人は，6 番の人からのメールで 7 番のアドレスも知る．この状況を図の（2）で示した．2 番の人は 1 番の人から 2 番であることを知らされるので自分が 2 番であることを知って，チェックがついた．ステップ 2 も同様である．5 番の人は 3 番のアドレスを 7 番に送るので，7 番の人は 3 番のアドレスを知ることになる（図の（3））．自分の順位を知っている人は 1 番から 4 番までに増える．図の（4）がステップ 3 が終わった時の状況で，自分の順位を知る人は 8 番までに増える

一般にステップ i では，「2^{i-1} 番上」と「2^{i-1} 番下」に置き換えて実行し，1 番から 2^i 番の人が自分の順位を知るのである．倍々に進んでいく仕組みがお分かりであろう．これが「倍化」である．単純に i に 16 を代入すると $2^{16} = 65536$ である．つまり，全員が自分の順位を知

43

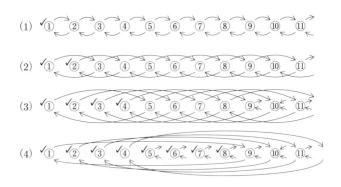

図 4.3 倍化のテクニック

ることになる．ちょうど 50000 になっていないところが気持ち悪いかもしれないが，ステップ 16 でやることを少し丁寧に書いてもらえば分かる．つまり，自分より $2^{15} = 32668$ 上のみでなく，下が存在しない人が多く出てくる．そういった人は単にその下の人へのメールを出さないだけである．1 ステップでは 1 人 2 回メールを送るが，それは同時にすることができるし，我々の仮定では 1 日 10 ステップ進む．つまり，2 日で終わってしまうのである．ナイーブなアルゴリズム（アルゴリズムにあまり考えがなく幼稚なことを，我々はナイーブと形容する）で 5000 日かかったのがたった 2 日に減ったのである．アルゴリズムの力の凄さが分かっていただけたであろうか（ガッテン！ガッテン！）

目的は違う（つまり処理の速さではない）のであるが，やはり集団が協力することが重要なアルゴリズムの例を見てみたい．これは一般に囚人のゲームと呼ばれているゲームで，いくつも知られているが，その一般的枠組みは以下のようなものである．例えば 100 人の囚人に対して，刑務所は減刑のチャンスを与えるというものである．それはあるゲームを課して，100 人が協力してそのゲームに勝利すれば（協力して仕事ができるという社会の要請を満たしているので）全員を釈放する．逆に敗戦ということになれば，全員の刑期が 3 割延びる．もちろん，そのゲームをアタックするかどうかは囚人の勝手である．

第 4 章　チームワーク

　具体例としては，**ロッカーゲーム**と呼ばれるゲームが有名である．ロッカールームが用意されて，その中に 1 番から 100 番の番号が振ってある 100 個のロッカーがある．各ロッカーには（看守によって）各囚人の名前が入れてある（名前は簡単のために 1 から 100 の整数としよう）．さて，100 人の囚人は 1 名ずつロッカールームに入ることが許される．ロッカーの扉は全て閉まっていて，入った囚人はどれでも好きな（全体の半分の）50 個のロッカーを開けることを許される．自分の名前（番号）を見つけられればその囚人は成功でロッカールームを出る．ロッカーは再び閉められ，次の囚人が同様に 50 個のロッカーを開けることを許される．囚人間の情報交換は一切許されないが，ゲームの前日に囚人は集合して彼らのアルゴリズムに関して相談できる．ややこしいアルゴリズムであれば，それを記したメモを持って入ることも自由である．ゲームの勝敗は，全員（100 名）が成功するかどうかである．1 人でも自分の名前を発見できなかったらその場でゲーム終了，囚人側の負けである．さあ，このゲームはアタックすべきであろうか．

　ナイーブなアルゴリズムでは囚人側に勝ち目が全くない．例えば，どのロッカーにどの名前が入っているかのヒントは一切ないということで，各囚人が単に出鱈目に 50 個のロッカーを開ける戦略はどうであろうか．少し正確に言えば，各囚人が個別に 50 個の乱数（1 から 100 までのランダムな整数を 50 個）を用意して，その整数の番号のロッカーを 50 個開けるという戦略である．これは 1 人の囚人が成功する確率が $1/2$ である．ということは，100 人全員が成功する確率は $1/2^{100}$ となる．前も言ったが，$2^{100} \approx 10^{33}$ という数はとてつもなく大きな数なので，囚人側が勝つ見込みは全くない．なんと，この $1/10^{33}$ というほとんどゼロの確率を 3 割とかに上げることができる驚異のアルゴリズムが存在するのである．

　アルゴリズムは簡単で，囚人たちが事前に集まって用意するのは，1 から 100 の 100 個の整数のランダムな順列（出鱈目な数の並び）1 個である．全員がその同じ順列をメモしておいて，各囚人はロッカールームに入ったら，まずその順列でロッカーの番号を付け替える．その後，最

45

元のロッカー番号	5	3	1	8	6	10	9	2	7	4
新ロッカー番号	1	2	3	4	5	6	7	8	9	10
ロッカー	4	8	1	6	3	5	2	10	9	7

$1 \to 4 \to 6 \to 5 \to 3$　　　$2 \to 8 \to 10 \to 7$　　9

図 4.4　ロッカーゲーム，例 1

初に自分の番号のロッカーを開ける．そこに自分の番号が入っていれば
終わりである．入っていなかったら入っていた番号のロッカーを開ける
（もちろん，ここでの「番号」は順列で修正された番号である）．こうし
て 50 個のロッカーを開けていって，運が良ければ自分の番号を見つけ
ることができる．

　小さな例で見てみよう．今，囚人は 10 人である．共通のランダム順
列が，

$$3, 8, 2, 10, 1, 5, 9, 4, 7, 6$$

であったとしよう．つまり，1 番のロッカーを 3 番に，2 番を 8 番とい
うように各ロッカーの番号を付け替える．図 4.4 では，分かりやすい
ように新しい番号で左から並べた．看守によって，1 番のロッカーの
中には 4，2 番には 8 というように囚人の番号が入れられているとしよ
う．もちろんロッカーの扉が閉じていればこれらの囚人番号は見えな
い．

　誰でもよいが，1 番の囚人が最初に部屋に入ったとしよう．前に言っ
たように，彼はまずロッカーの番号を付け替えて，新しい 1 番のロッ
カーを開ける．4 番は自分の番号ではないので，次はその中に入って
いた番号である 4 番のロッカーを開ける．ロッカー 4 も自分の番号で
はないので，ロッカー 6 を，次はロッカー 5 を，さらにロッカー 3 を
開けてみると自分の番号があった．ロッカーを 5 個開けているので成
功である．この場合のロッカーを開ける順序（長さ 5 のサイクル構造
になっている）を図に示してある．容易に分かるように，この場合，4

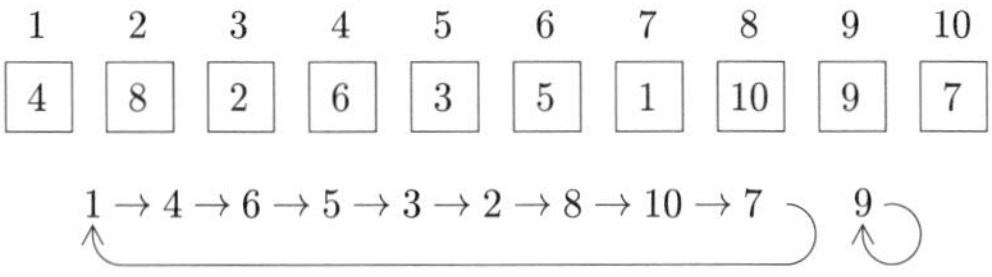

第 4 章　チームワーク

1	2	3	4	5	6	7	8	9	10
4	8	2	6	3	5	1	10	9	7

$1 \rightarrow 4 \rightarrow 6 \rightarrow 5 \rightarrow 3 \rightarrow 2 \rightarrow 8 \rightarrow 10 \rightarrow 7$　　　9

図 4.5　ロッカーゲーム，例 2

番の囚人も成功であるし（4 番，6 番，5 番，3 番，1 番の順に開けて，
1 番のロッカーで自分の番号を発見），6 番，5 番，3 番も全て成功であ
る．2 番はどうであろうか．もう一つのサイクルで示したように，彼も
成功である．8 番，10 番，7 番もまた成功である．残った 9 番は最初の
ロッカーに自分の名前が入っている．つまり，全員成功，囚人側の勝利
である．

　少し違った囚人番号の配置を図 4.5 に示した．図 4.4 との違いは囚人
番号の 1 と 2 が入れ換わっただけである．この場合のサイクル構造を
やはり図に示した．今度は長いほうのサイクルの長さが 9 になってし
まっている．つまり，同じルールでロッカーを開けていくと，囚人 1
は 9 個開けた時に初めて自分の番号を発見する．つまり，囚人の敗退
である．

　何が勝敗を分けているかは明らかである．このような囚人番号のロッ
カー内の配置がサイクル構造を決めるが，その最長のサイクルの長さが
5 以内（囚人数の半分，つまり開けてもよいロッカーの最大数）であれ
ば囚人の勝利，5 を超えてしまえば敗退である．何がこの最大長と決め
るかというと，看守が行う囚人番号の配置である．しかしロッカー番号
をランダムな順列によって変えているので，結局，囚人番号のロッカー
への配置自体がランダムであると考えても同値である．囚人が 10 人な
ら，その 10 人の名前のロッカーへの配置が 10! 通りあり，その 10! 通
りの順列の中で囚人が勝利できる「良い順列」の割合が囚人の勝利の確
率である（前章でも書いたが，! は階乗と呼ばれる演算である．1 から
10 までの数字の並べ方の総数は，最初の数が 10 通り，次の数が最初に
使った数を除いた 9 通り，次が 8 通りと続いていく．つまりその総数

は $10 \times 9 \times 8 \times \cdots \times 2 \times 1$ であり，この 10 個の数の積を 10! で表す）．

勝利の確率を計算してみよう．数式を使わないという約束を

破ってしまう．できるだけ分かりやすく説明するつもりだが，面倒だと
思ったら飛ばして結論だけ見ていただければよい．今までどおり囚人
10 人の場合で計算する．上で述べたように，長さ 6 以上のサイクルが
できてしまうと囚人の敗北である．そこで，7 以上は後回しにして，ま
ず長さ 6 のサイクルができる確率を計算しよう．それは，10! 個ある全
部の順列（囚人の名前の配置）の中で何個の順列が長さ 6 のサイクル
を持つか計算することによって求まる．

図 4.4 をもう一度見てほしい．$1 \to 4 \to 6 \to 5 \to 3 \to 1$ という長さ
5 のサイクルであるが，これは 1 番のロッカーから 4 番のロッカーに行
って次は 6 番のロッカーに行くというロッカーの番号のサイクルであ
る．囚人がこの順序でロッカーを開けることになるためには，1 番のロ
ッカーに 4 を入れる必要があり，4 番のロッカーには 6 を入れる，とい
うように 1，4，6，5，3 のロッカーに入れる数字は一意に決まってし
まう．今，我々は長さ 6 のサイクルを実現する囚人番号の入れ方の総
数を調べている．例えば，以下のような長さ 6 のサイクルを実現する
囚人番号のロッカー全体への入れ方（つまり 1 から 10 の数字の順列）
の総数を計算してみよう．

$$5 \to 3 \to 9 \to 2 \to 6 \to 1 \to 5$$

直前に述べたように，番号が 5，3，9，2，6，1 の 6 個のロッカーの内容
は，5 のロッカーには 3，3 のロッカーには 9 のように，一意に決まっ
てしまい，それらはこれら 6 個の数字のいずれかである．しかし，他
のロッカーの内容は全く自由でよい．つまり，他の 4 個のロッカーに
は残った数字 4，7，8，10 が自由に入れる．よって，このサイクルを実現
する順列の数は 4! である．つまり，一つの長さ 6 のサイクルに対して，
4! 個の順列が存在する．

では長さ 6 の異なったサイクル自身はどのくらい存在するのであろ

第 4 章　チームワーク

うか．これは単純に 1 から 10 までの数の中から 6 個の数の並びである．最初の数は 10 通り，次は 9 通りというように進むので，

$$10 \cdot 9 \cdot 8 \cdot 7 \cdot 6 \cdot 5 = \frac{10!}{4!}$$

である．ここでサイクル特有の注意が必要である．つまり上の長さ 6 のサイクルを表す数字の並びは 5, 3, 9, 2, 6, 1 であるが，この並びをサイクルにそってずらした 3, 9, 2, 6, 1, 5 や 6, 1, 5, 3, 9, 2 も同じサイクルである．つまりこれらの重複を除くために 6 で割る必要がある．結論としては，今求めたい長さ 6 のサイクルを実現する 10 個の数字の順列の総数は，長さ 6 のサイクルの総数に一つのサイクル当りの順列の数 4! を掛けた値で，それは，

$$\frac{10!}{4!} \times \frac{1}{6} \times 4! = \frac{10!}{6}$$

である．

　長さ 7，8 等のサイクルを実現する順列の総数も同様に計算されて，それぞれ，$\frac{10!}{7}, \frac{10!}{8}, \ldots$ になる．つまり，長さ 6 以上のサイクルを実現する順列の総数は，

$$\frac{10!}{6} + \frac{10!}{7} + \cdots + \frac{10!}{10}$$

であり，そのような囚人とって都合の悪いサイクルが存在する確率は，この総数を全体の 10! で割ればよいので，

$$\frac{1}{6} + \frac{1}{7} + \cdots + \frac{1}{10} = 0.645$$

になる．すなわち囚人が勝利する確率は 0.355 ほどある．優に 3 割以上である．

　囚人の数が 100 人になったら，この確率は多少減少する．しかし勝利の確率は依然として 3 割は確保されており，これは囚人がいくら増えても大丈夫である．それを知るためには，大きな n に対して，

$$\frac{1}{n+1} + \frac{1}{n+2} + \cdots + \frac{1}{2n}$$

を計算すればよい．積分を使えばその極限値は容易に求まるが，以下の
ように考えてもよい．つまり上の，

$$\frac{1}{6} + \frac{1}{7} + \cdots + \frac{1}{10} = 0.645$$

の代わりに，

$$\frac{1}{501} + \frac{1}{502} + \cdots + \frac{1}{1000}$$

を計算することを考える（$n = 500$ の場合である）．最初の 100 項の
和，

$$\frac{1}{501} + \frac{1}{502} + \cdots + \frac{1}{600}$$

は近似的には 1/5 と 1/6 の間くらいと思えばよい．つまり，1/6 より
は大きくなるが，まあ 1 割ほどである．この差は次の 100 項，次の次
の 100 項と進んでいくに従って縮まる．つまり，全体の和の値も 0.645
の 1 割も増えないのである．したがって，0.7 を超えることはないとい
う感じになる．

　このゲームはいくつかの変形版があるが，以下の変形版は
面白い．やはり囚人なのであるが，今回はチームは 2 名で，前と同様
に彼らの戦術をゲームが始まる前に相談することができる．ロッカー
ルームの中には 52 個のロッカーがある．看守は，今回は 52 個のロッ
カーに 52 枚のトランプのカードを 1 枚ずつ好きに入れてよい（前と同
様，出鱈目に入れるのが良さそうである）．さて，ゲームが始まるとま
ず 2 名のうち 1 名がロッカールームに入ることを許され，全てのロッ
カーを開けて中のカードを知ることができる．さらに，希望するなら，
そのうちの二つのロッカーの 2 枚のカードを入れ換えることも許され
る（もちろん，看守はその後全ての扉を閉めるが，ロッカーの内容を変
更することは許されない）．次にもう 1 名の囚人が入る（もちろん，先
に入った囚人とはいかなる通信も許されない）．中には看守がいて，特
定のカード（例えばハートの 5）を見つけなさいと言う．囚人は半分の

第4章　チームワーク

26 個のロッカーを開けることが許されて，見つけることができれば勝利である．もちろん，看守がどのカードを指定するかはどちらの囚人も事前には知らない．

　素直に考えれば，最初に入った囚人は全ての配置が分かるので，その情報を何らかの形で第2の囚人に伝えたいと考えるであろう．しかし，その手段はたった2枚のカードを入れ換えるだけである．例えば52枚のカードのいずれかを先頭（番号1のロッカー）に移動することによって，例えば，ハートの5を先頭に出すことによって，次のカードであるハートの6がロッカーの前半にあるという情報を伝えると事前に約束しておく．しかし，容易に分かるように，看守がどのカードを指定するかは全く分からないので，こんな戦略で勝てる確率はほとんどゼロである．つまり，伝えることができる情報量が少なすぎるのである．

　しかし，上のオリジナルロッカーゲームのことを知っていれば，簡単に勝率 100 % の戦術を出せる．つまり，最初に入る囚人はロッカーでのカードの配置を見て，その最長サイクルを知る（カードを適当に1から52の数字に対応させればよい）．もし26以下であれば何もしない．26より大きければ2枚を入れ換えて長さを半分にする．例えば図4.5 と 4.4 をもう一回みてほしい．2 と 1 を入れ換えることによって，長さ9のサイクルを長さ5と4のサイクルに分けることができる．さらに，この操作が他のサイクルには一切影響しない．したがって，2番目に入る囚人は前と全く同じ戦略がとれる．つまり看守が言ったカードと同じ番号のロッカーから始めてサイクルをたどっていけばよい．サイクル長は26以下が保証されているので，絶対に見つかる．

　こういった数学ゲームにしばしば囚人が登場する理由はよく分からない．ただ，諸外国での囚人のイメージはそれほど悪いものではなく，時の政府の悪行に抵抗して服役したという善玉のイメージも少なからずある．そういった「賢い囚人」が「そうでない看守」の足をすくうことに快感を覚えるという文化もあるのだと思う．ちょうど今しがたのお昼のニュースによれば，京大熊野寮に機動隊が捜索に入ったという．私が学生のころ，熊野寮はいわゆる過激派学生の巣窟で，今もその雰囲気はあ

るらしい．私の友人がそこを住処にしていて，いろいろ面白い話を聞いたが，捜索（ガサ入れ），証拠物の押収，関係者の逮捕は日常茶飯事で，居住者は一致団結して抵抗したらしい．彼ら学生の法律の知識は半端ではなく（例えば，押収物一つとっても色々と法律があって，抵抗すれば警察が嫌う面倒な手続きが必要になるらしい），知識では決定的に劣る機動隊員を徹底的にいじめたらしい．京都も「諸外国」に近いのかもしれない．

第5章
神様との勝負

　大阪の食い倒れである．食べ物に関しては大阪や神戸には絶対かなわない．京都には寄席がないので大阪まで行くが，その近辺の通称天六と呼ばれるエリアはごく普通の繁華街であるが食事は何でも旨くて安い．すし，うなぎ，ステーキ，天ぷら，たこ焼き，少しお客さんが入っている店に入れば絶対に間違いがない．ビールの大ビンを500円くらいで飲ませてくれるというのも私にとっては最高である．神戸も同じである．三宮のガード下は時々行くが，餃子とか中華とか本当に旨くて安い．私は学生のころ，サークルの関係で阪神間に行く機会が結構あった．ステーキでも，10倍くらい値段の違う何軒かの店に行ったが，いずれもそれなりに納得ができる．焼うどんは神戸から始まったというのもそのころ知った．京都も有名なミシュランの星レストランがいくつもあるが，それらは極めて高価で，そもそも普通の人は決して行かないらしい．前のほうの章でも述べたが，京都には様々な地場産業や神社仏閣に関係して，いわゆるビジネスディナーを楽しめる階層の人たちが少なからずいらっしゃる．さらには，京都以外の例えば大阪や東京に住んでいても，例えば売れっ子の小説家や評論家は定期的に京都に来て，定宿に泊まり，なじみの（高級）レストランで食事をする．もちろん彼ら彼女らにしても，こういった費用は取材費として落とせるので，完全なビジネスディナーである．残念ながら（そうでもないが）私にとっては別世界である．

53

逆に伝統工芸，伝統芸能では（文楽等のごく一部を除いて）京都の一
人勝ちである．女性の知り合いを少したどっていけば，すぐに何々のお
茶の先生，何々のお花の先生，それもかなり上のレベルに簡単に到達す
る．しかし，何といっても極めつきは和服・和装業界であろう．私は7
年ほど千本北大路という金閣寺に近い場所に住んでいたことがある．西
陣にも近い（西陣の正確な範囲は知らないが，私の場所は少し北に外れ
ていたようである．業者や関係者が同じマンションにも結構住んでおら
れた）ということもあって，その雰囲気は大いに感じられた．西陣と言
えば，いわゆる豪華な着物や帯を想像されると思うが，それだけではな
くて，例えば劇場の緞帳なども手がけていた．マンションの5階から
は近隣の町家が見えたが，そのうちの一軒は，2階が大きな広間になっ
ていて，そこに緞帳を広げて毎晩遅くまで何かの作業をしているのがよ
く見えた．地蔵盆も今住んでいる北部の比較的新興の住宅地とは比べ物
にならないくらい充実していて，地域の有力者が全て取り仕切っていた
し，そもそも子供の祭りというより大人のそれの感じが強かった．

　子供の関係で，何軒かの関係者のお宅と知り合いになったが，そのう
ちの一軒はいわゆる問屋さんで，ご主人は営業で月の大半を日本全国
飛び回っておられ，奥さんは従業員さんの賄いで大忙しというお宅であ
った．1着の値段も（上は限りないが，それなりのものでも）ちょっと
した中古車なみのそれになるし，流通の仕組みも簡単ではない．「Web
ページで調べて通販で宅配」とは当分無縁の業界であろう．安直にデ
パートに買いに行っても，結局は出入りの業者のところに回されて，そ
こでベテランの女性と何回も交渉して，適当な値段と品質で折り合うと
いう想像もできないプロセスらしい．

　ここから少し現実的な話になる．女性の和服は何種類もあって，着る
機会が決まっているらしい．未婚女性の振り袖，おめでたい席の色留
袖，めでたいとは言っても近い身内（子供とか）の席での黒留袖，など
である．そこで，最後の黒留袖であるが，子供や甥っ子姪っ子の数で着
る機会の数が決まってくる．仮にそういった縁者が2，3人しかいなけ
れば，まあレンタルで済ますかという考えになるであろう．逆に10人

もいれば，最低でも数回着る機会があるであろうと考え，レンタル代も決して安くないので，思い切って新調するかということになる．しかし，先が読めない時代である．結婚して披露宴をしたのは 10 人のうちたった 1 人，他は独身か，自分たちだけで勝手にハワイで結婚式を挙げてしまった．うん十万をはたいた高級和服の袖を通したのがたった一回という悲しい結果になってしまったのである．京の着倒れである．

スキーレンタル問題として我々の業界ではよく知られた問題が正にこれなのである．スキー一式のレンタル代が 1 回 2 万円，購入すると 10 万円だとする．スキーを始めた時に，レンタルにするか，思い切って買ってしまうか誰でも迷うところである（もちろんこれはスキーに限らない．上の場合の着物や，自動車，果ては飲み放題等々身の回りにいくらでもころがっている）．現実にはある程度の予感や主義主張があって，例えば，運動部出身で鍛えているし「上達のコツはマイ何々を持つこと」という巷の教えもあって迷わず買ってしまう人もいる．しかし，先は分からないもので，最初のスキーツアーでさんざん恥ずかしい思いをしたことがトラウマになってしまい，結局それが最後のツアーになってしまったなどという話も結構聞く．整理すると，以下のような状況である．スキーツアーのチャンスが次々に来る．そのたびに買うか借りるかの選択を迫られる．借りれば 2 万円で済むが，次も同じ決断をしないといけない．買えば 10 万円であるが，次からは何も考える必要がない．上で言ったように，先は何が起こるか分からない状況のもとで毎回決断（どんな動作をするかの選択）を迫られるのである．こういった「先が読めない」状況はスキーレンタルに限らず他にも世の中にあふれている．典型的なのは株式投資で，ある会社の株式を 1000 株持っているとして，毎日（その一部を）売るか，もっと買い足すかの選択を迫られるのである．

さて，スキーレンタル問題に対して以下の三つのアルゴリズムを見てみよう．

（1）常にレンタル．

（2）最初のツアーの機会に購入．

（3）4回目まではレンタル，5回目のツアーで購入．

注意していただきたいのは，アルゴリズムと言ったからには，曖昧性があってはいけないことである．例えば，「絶対10回行くと思ったら購入」などというのは，本書の世界ではアルゴリズムとは言わない．その点，上の三つの「アルゴリズム」はいずれも曖昧性がなく，どれかに決めればツアーの時の行動が最初から完全に決まる．当然どれがベストかという議論になるのであるが，現実的には（1）と（2）はどちらかといえば少数派で，多くの人は最初の何回かはレンタル，面白くなってきたところで購入という選択をするであろう．実は，ある評価方法を取った場合も（3）がベストという結論になる．

その評価法ではアルゴリズムの良さの指標として，**競合比**という尺度を用いる．直観的に言えば，競合比はそのアルゴリズムのコストと「神様」のコストを比較して，その最悪値（何回行くかで値が違ってくるので）をとる．アルゴリズムは何回行くか（将来のこと）は分からないという仮定の下で作ってあるが，神様は何回行くかを知っている（先が読める）と考えるのである．上の三つのアルゴリズムの競合比を計算してみよう．（1）のアルゴリズムのコストは，スキーに n 回行く時には，$2n$ 万円である．n の増大とともにどんどん増加するが，神様は当然最初に買って，コストは10万円である．よって，競合費は $2n/10 = 0.2n$ で，n の増大とともにいくらでも大きくなる．（2）であるが，この場合の最悪は1回で懲りてしまうことである．アルゴリズムのコストは10万円，神様は（1回で懲りることを知っているので）当然レンタルで2万円．つまり，競合費は5である．（3）のアルゴリズムのコストは，1回から4回までが2万から8万で，神様でもこれ以下では無理である．5回の時，アルゴリズムは18万で，神様は10万である．それ以降は両者のコストは変化しない．つまり，5回以上行く時が最悪で，競合比は1.8である．（1）や（2）より格段に良い．

我々はこの種の問題を**オンライン問題**と呼び，それに対するアルゴリズムを**オンラインアルゴリズム**と呼ぶ．第1章で決めたとおり，一

般の問題では，入力が与えられてそれに対する出力（答え）が決まっている．ここで，当たり前であるが，入力は「全て」最初に与えられるのが通常である．例えば，図1.2でA点からB点への最短経路を求める問題で，B点の周辺の通路がどうなっているか分からないのでは最短経路は計算できない．オンライン問題では，この大前提が崩れている．つまり，入力は全てが最初に与えられるのではなく，その一部一部が，時間とともに与えられる．ある会社に対する株式投資問題の場合は，入力の全体はある整数の列 $i_1, i_2, \ldots, i_n$ で，i_j は時刻 j のその会社の株価である（時刻は適当に単位時刻，例えば毎日朝10時，などと決めればいい）．このように，ある期間の株価の列が入力の全体であるが，（オンライン）アルゴリズムにとっては，その入力は時々刻々と与えられ，その場で行動が要求される．つまり時刻 j では，それ以前の株価 $i_1, i_2, \ldots, i_j$ だけを情報として（$i_{j+1}, \ldots, i_n$ という将来の入力の情報なしで）売るか買うか何もしないかを決めなければならない．もちろん，この決定は将来（失敗だったことが分かったからといって）変更することができない．株取引の世界に「待った」がありえないのは当たり前である．しかし，神様は入力の全体を知った上の各時刻の行動を決めることができる．よって，当たり前であるが，可能な最低の価格で買って最高の価格で売るという正に神業ができるのである．

スキーレンタル問題をこのように形式化するなら，入力（の全体）はある長さの1の列である．各1がスキーツアーの機会で，アルゴリズムは借りるか買うかを決めなければならない．もちろん，その後さらに何個の1が来るか（入力全体の長さ）を知らずにである．神様は入力全体，つまり1の個数を知っている．上の（3）のアルゴリズムを正確に書くと，j 個目の1（j 回目のツアー）に対して，

$$j \times L < B \text{ ならレンタル，そうでないなら買う}$$

というアルゴリズムである（L はレンタル代，B は購入代金）．このアルゴリズムの競合比は買った瞬間（つまり $j \times L < B$ であったが，ステップ $j+1$ でこの不等式が満たされなくなって，B 払って買ったとき）

が最悪であり，そのときの競合比は $\frac{i \times L + B}{B} < \frac{2B}{B} = 2$ である．したがってアルゴリズムの競合比は L と B の値に関わらず 2 以下であり，これ以上良いアルゴリズムが存在しない，つまり最適であることも以下のように分かる．とにかく買ったら終わりなので，アルゴリズムがすることは買うタイミングを決めるだけである．他のタイミングで競合比が悪くなってしまうことを確かめてほしい．

　ここで鋭い読者は気がつかれたと思う．競合比が 2 ということは神様の 2 倍以上は払わないで済む，逆に言えば 2 倍までなら払ってもよいなと思っている人のアルゴリズムである．ところが，上のアルゴリズムの場合は 4 回目までは神様もスキーヤーも同じコストである．2 倍までなら認めるということであれば，ここまででも 2 倍払っておいてもよい．実はこれが重要な概念で，このことが正に「保険」なのである．上のアルゴリズムをそのまま使った場合は，4 回目までは一回 2 万円の出費でまあまあ嬉しい．しかし，5 回目の時に一気に 10 万の出費になってしまい，例えば貧乏学生にとってはとても払えない（というか，その時にそれだけのお金がない）．しかし，4 回目までの一回に 4 万円を払い，そのうちの 2 万を保険にしておいてはどうであろうか（実際にはこんな保険はないと思うが，スキーツアー保険とでも称して，5 回目に行く時に高級スキーセット 1 式がもらえるという保険である）．こうすれば，急な 10 万の出費を防ぐことができる．もちろん，3 回でやめてしまえばその分，損になってしまうが，元々 2 倍までなら認めると決めたのであるから文句は言えない．

　それでは，スキーレンタルは卒業して，他の代表的な二，三のオンライン問題を見てみよう．

街を歩いて いると，よく「鍵の 110 番」と書いた車に出合う．鍵に関するトラブルは多く，例えば車に鍵を閉じ込めてしまうといった事故は多くの人が経験していると思う．そんな緊急時のために鍵なしでロックを解除してくれる会社があり，電話をすると上のような修理車を派遣してくれるのである．本題からは少し外れるが，某国の大都

市で怖い噂を聞いたことがある．アパートの鍵を壊してしまう犯罪が多いという（壊すのは簡単で，例えば鍵穴の奥のほうに少量の接着剤を注入するだけでいい）．居住者が帰宅して鍵が開かない．それで仕方なくそういった業者を呼ぶのであるが，これがまた悪徳業者で，最近の鍵は高性能なのでとか称してドアそのものを壊すしかないということになってしまう．居住者はその日の寝る場所にも困るので承諾すると電動のカッターで鍵の部分を切り取ってしまって，簡単な仮の鍵を付けたりで，費用を何万円も要求する．さらには，いずれはそのドアの修理もしないといけないので，また高額の出費が伴う．言われてみると，隣り近所のアパートのドアで，明らかに切り取ってから修理した跡があるドアがいくつかあるのである．もちろん，こういった犯罪と悪徳業者は裏でつながっているということで，本当に怖い．

　本題に戻ろう．鍵の110番は，通常何台もの修理車を持っていて，修理の要求に対して無線（今は携帯か）でどれかの車に要求の場所に行くように指示するのである．無線タクシーと似ている．さて，いま何台かの車が市内に散らばっていて，ある場所から修理の依頼があったとしよう．問題はどの車を派遣するかである．なんでそんなことが問題になるのか，一番近い修理の車を派遣すれば問題ない，と思われるであろう．しかし，オンラインアルゴリズムにとっては問題になるのである．なぜなら，修理の依頼は次々と来るのであって，将来どの辺りからくるのか（将来の入力）が分からないからである．一番近い車を派遣するというアルゴリズムの問題点を見てみよう．

　この問題は **k サーバー問題** と呼ばれる．上の鍵の110番の例はあまり良くなかったかもしれないが，コンピュータのメモリ管理等に多くの応用があり，実用的にも大変重要な問題である．少し形式的に与えると，2次元平面上（要するに升目状の罫線の入っているノートを思い浮かべてほしい）に k 個のサーバーがある．図5.1の（1）を見てみよう．例えば，$k = 3$ で，場所を a, b, c とする．京都の街なら，例えば金閣寺，銀閣寺，京都駅付近に3個のサーバー（鍵の修理車）がある．要求は平面上の場所から次々に来る．要求のあった場所にいずれかの

サーバーを移動する必要がある．移動距離がコストで，いくつかの要求に対する総移動距離を最小にしたい．例えば今，図の場所 d から要求があった．一番近いのは b のサーバーなのでそれを移動させる．すると次に b から要求があった．そこで再び一番近い d のサーバーを移動させると，次の要求がまた d である．このように要求が d と b を往復すると，この最も近いサーバーを移動するアルゴリズムでは，サーバーも d と b を往復するので，コストは限りなく大きくなる．神様はこの要求を知っているので，最初に a または c のサーバーを d に移動させる．その後の要求に対してはサーバーの移動は全く必要ない．つまり，競合比は（前の，常にレンタルのアルゴリズムのように）いくらでも大きくなってしまうのである．こんな意地の悪い例が鍵の 110 番の場合に本当に起こるかどうかは疑問かもしれないが，より本格的な応用であるメモリ管理などでは実際に起こる．

それなら，アルゴリズムのほうも最初から a から動かせばよいではないかと，思われるかもしれないが，それはスキーの場合で言えば最初から買うアルゴリズムになってしまい，要求がそこで止まってしまった時に，やはり大きな競合費（bd の距離分の ad の距離）になってしまう．

そこで保険をかけるのである．2 次元のままだと少し面倒なので，より簡単な直線上で説明する（図 5.1 (2), (3)）．a, b, c はサーバーの位置で，要求が d に来る．サーバーを移動するルールは以下のようなものである．

（1）要求がサーバーの範囲の外（図の a, b, c の場合なら，a より左で c より右）に来た場合は，最も近いサーバーを動かす．つまり，図の (2) の場合は c のサーバーを移動する．

（2）要求が二つのサーバーの間に来た場合には，より近いサーバーを要求に移動させ，さらにもう一方のサーバーも同じ距離だけ要求に近づける．つまり図の (3) の場合は c のサーバーを移動させ，同時に b のサーバーを同じ距離だけ要求に近づけておく．

今度は，前のように c と d を要求が往復しても，やがて b のサーバー

第 5 章　神様との勝負

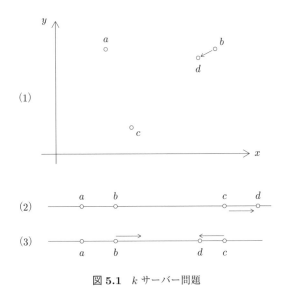

図 5.1　k サーバー問題

がやって来てそれ以上サーバーを往復させる必要がなくなる．このアルゴリズムによって，サーバーの数が k 個のときは競合比 k が実現できることが分かっている．図のように 3 個のサーバーなら競合比 3 である．保険の考え方は前と全く同じである．レンタルから始めたスキーヤーは，将来，スキーを最初から買ったほうが良かったと思うくらいツアーに行くことになってしまうことを恐れる．そこで，そうなったときに，できるだけダメージを小さくするために保険をかけるのである．サーバー問題の場合も，図の (3) で c のサーバーを動かしたとたんに，最悪のケースに気づく（つまり c と d の間を往復させられる）．そこで，その最悪のケースに対処するために保険をかける，つまり自分が動いた距離と同じだけ b を近づけて備える，のである．保険はその時点での本来のコスト（c から d まで動かすコスト）と同じくらいにしておくのがよい．保険をかけすぎると，そこで要求が止まってしまった時に，競合比が悪くなってしまう．実際の生命保険でも，自分の収入に合わせて保険金額を選ぶのが普通であるが，正に同じ考え方なのである．

図 5.2 線形リストの探索問題

線形リストの探索問題
もよく知られたオンライン問題である．この問題で扱われるのは図 5.2 に示されるような線形リストである．**線形リスト**とは，図のように，箱が矢印（ポインター）でつながっているような構造で，計算機プログラムにおいて便利なデータ構造の一つである．各箱には何らかのデータが入っている．今，図では「かんじ」と読める言葉が色々入っている．さて，この構造で，「幹事」を探したいとする．この構造の特色は，箱の中を見るためには，最初からこのポインターをたどっていくしかないことである．今の場合，最初は「漢字」で違う，次は「感じ」でやはり違う，次も「監事」で違う，ようやく次で「幹事」を見つけることができた．例えば，机の上に本が積んである状況を想像してもらえばよいかもしれない．自分が欲しい本を見つけるためには，上から順々に取っていくしかないのである（背表紙は何らかの事情で見えないとして）．さて，欲しい本が見つかって，中の気になるページを見て，また前と同じような積み上げた状態に戻したい．その時，今見た本を一番上に直す人が多いのではないだろうか．その本は今やっている仕事に関係のある本なのであるから，近い将来また見たくなるのではないか，その時に，一番上にあればすぐに見られる，という考え方で自然で良い考え方である．

　実はこのようなポインターでつながった構造は，一昔前の仮名漢字変換で使われていた．つまり，タイプで「かんじ」と打って変換キーを押すと最初の箱の「漢字」がその場所に現れ，もう一回押すと次が現れ，というように進み，今欲しいのが「幹事」なら変換キーを 4 回押さねばならない．プルダウンなどなかった時代なので大変だったのであるが，その時，今アクセスされた「幹事」を先頭に移動するソフトが多かった．今，何か文章を作っていて，「幹事」を使ったのであるなら，次の「かんじ」も「幹事」であろうと考えるのである．上の本の山を作り

直すのと同じである．そうすれば，次に「幹事」が欲しくなった時に一回の変換キーで済む．しかし，もし「幹事」はこの時だけで，次は「感じ」だったとすると，「幹事」を前に出したために後ろに行ってしまう．つまり，先頭に出すのが本当に良いかは簡単には分からない．そこで競合比を使って，その良さを調べるのである．

　整理すると，読み（X としよう）の等しい言葉が数多く線形リストでつながっている．仮名漢字変換で欲しい言葉まで変換キーを押さねばならず，その回数がコストである．今，文章を作っていて，読み X を何回も使う．欲しい言葉をリストの中から見つけなければいけないが，将来どの言葉になるかは分からない．そういう状況で，今探し当てた言葉をリストの前方に（先頭に限らず前方ならどこでも）移動するのは（ポインターの単純な付け替えなので）コストなしでできると仮定する．本の積み上げで見たとおり，いったんそれにアクセスした後なら妥当な仮定であろう．問題はどの程度前に出すのがよいかである．例えば一つだけ前に出すという考えもあるし，前に言ったように一気に先頭という手も考えられる．

　「一つだけ前に移動する」というアルゴリズムはどうであろうか．前の例なら，「幹事」と「監事」を入れ換えるのである．残念ながらこのアルゴリズムの競合比は良くない．なぜなら，最初に欲しかった言葉，例えば「莞爾」がリストの後ろのほう，100 番目にあったとする．コスト 100（一般に n）をかけて探し出した．一つ前に出したが，運の悪いことに次も同じ「莞爾」であった，次も同じ，というように不運が n 回続いて，結局，総コストは $n + (n-1) + (n-2) + \cdots + 1$ で約 $n^2/2$ である．神様は最初のときに「莞爾」を先頭に出すので，それ以降の $n-1$ 回は全てコスト 1，つまり全体でも $2n - 1$ である．競合比は $n/2$ にもなってしまった．

　これに対して，アクセスされたアイテムを先頭に出すというアルゴリズムは競合比が 2 以下であることが分かっている．直観的には以下のように考えればいい．今，上の例で，「莞爾」が先頭に出た．それによって多くのアイテムが先頭からの順位が一つ後ろになるという被害を受

けるが，例えば先頭から 10 番目のアイテムにとっては，10 から 11 になるだけで（コストが 11/10 になるだけで）大きな被害ではない．よって最も深刻なのは，直前に先頭だったアイテムが 2 番目になることであるが，それでもアクセスのコストは 1 から 2 へ 2 倍になるだけである．

直観的にはこれでよいかもしれないが，実際には競合比をどのように証明するのであろうか．最初のスキーレンタル問題の場合は比較的簡単であったが，k サーバー問題や線形リスト探索問題に対する解析は簡単ではない．そこで，アルゴリズム（を解析する場合）の世界で標準的になっている以下のようなテクニックがあるので紹介しよう．それは，**ならしコスト**と呼ばれる概念で，コストを計算する時に，一回一回のコストは大きく異なっていても，平均して考えればある値に収まっていることを言いたい時に利用する．ならしコストを使って，上の先頭にアイテムを出すアルゴリズムの競合比を求めてみよう．

アクセスされたアイテムを先頭に出すアルゴリズムを **MTF** (move to front) と呼ぶことにしよう．それに対して神様のアルゴリズムを **OPT**（Optimal，最善）と呼ぶことにする．同じ要求列に対して，MTF と OPT はアクセスされたアイテムを適当に前方に移動する．神様はどのくらい前に出すのであろうか．実は，我々は神様のアルゴリズムをよく知らないのである．要求を全部見れば各ステップでの最適な移動の量を計算することは可能ではあろうが，今はそれは必要ない．つまり，神様も最適の量だけ前方に移動することはするが，その具体的量は証明では使わない．しかし，その量は多分 MTF とは違うので，例えば 30 個の要求を処理した後での両者のリストのアイテムの順番は当然異なっているはずである．図 5.3 を見てほしい．今，あるステップ（ステップ i）での MTF と OPT のリストが左のようになっていたとする．今このステップ i でアクセスされたのはアイテム g である．MFT ではコスト 7 で g を見つけて，図の右のように g を先頭に出す．これがステップ $i+1$ の MTF のリストである．一方，神様のほうではコス

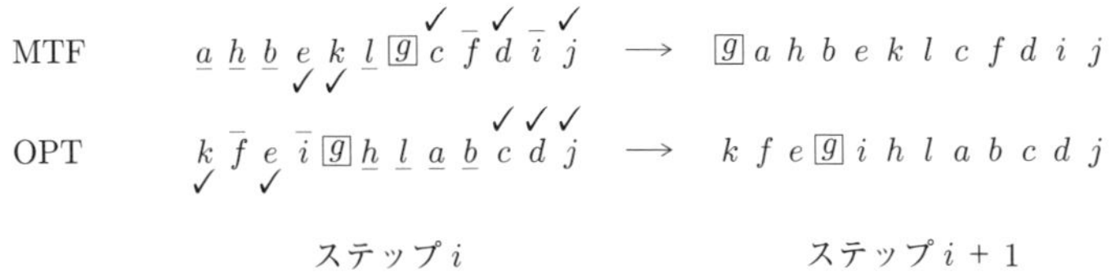

第 5 章　神様との勝負

MTF　　$\underline{a}\;\underline{h}\;\underline{b}\;\underline{e}\;\underline{k}\;\underline{l}\;\boxed{g}\;c\;f\;d\;i\;j$　$\longrightarrow$　$\boxed{g}\;a\;h\;b\;e\;k\;l\;c\;f\;d\;i\;j$

OPT　　$k\;\overline{f}\;\underline{e}\;\overline{i}\;\boxed{g}\;\underline{h}\;\underline{l}\;\underline{a}\;b\;c\;d\;j$　$\longrightarrow$　$k\;f\;e\;\boxed{g}\;i\;h\;l\;a\;b\;c\;d\;j$

ステップ i　　　　　　　　　　　ステップ $i+1$

図 5.3　線形リスト探索問題の競合比解析

ト 5 で g を見つけて，アクセスした後は（どのくらいかは分からない
が，仮に）1 個前に出したとする．

　ここで，MTF のコストとして，実際のコストとは少し異なる**仮想的
コスト**として，

$$（実際のコスト）+（二つのリストの違いの変化）$$

という量を考える．ここで，実際のコストは言うまでもなく，上の場合
で言えば，7 である．二つのリストの違いは，MTF のリストと OPT
のリストで順序が逆になっているアイテムのペア（**異順ペア**と呼ぶ）の
数で表すことにする．例えば，ステップ i の MTF のリストでは，a は
e より左にあるが，ステップ i の OPT のリストでは右にある．よって，
(a, e) は異順ペアである．ここで注意してほしいのは，実際のコストに
足し込むのは，この異順ペアの数そのものではなく，数の「変化」であ
る．このステップで動くのは g だけであるから，g の絡まないペアはそ
のステップの前でも後でもペアの順序は変化しない．つまり，(a, e) の
ようにステップ i で異順ならステップ $i+1$ でも異順だし，同順ならど
ちらでも同順である．つまり，g の絡まない異順ペアの数はステップ i
と $i+1$ で変化しないので g の絡むペアだけ見ればよい．

　（1）ステップ i の MTF リストで g より左のアイテムは全部で 6 個あ
るが，そのうち a, h, b, l の 4 個は g とのペアが異順になっている．つま
り，MTF では g の左にあるが，OPT では右にある．残りの 2 個 e, k
は同順である．それらを g でないほうのアイテムに下線か下チェック
を付けることで示した．さらに MTF リストで g より右のアイテムでも
同様に上線か上チェックで異順と同順を示した．結局，ステップ i での

65

g 絡みの異順ペアの数は6個である.

（2）ステップ $i+1$ では，MTF では g が先頭に出るので，上の下線の異順の4個（a, h, b, l）に関しては明らかに同順に変化する．つまり，異順の数は4減少する．逆にステップ i で下チェックの同順の2個（e, k）は次のステップで異順に変わる可能性がある．これは OPT での g の動き方に依っていて，g が動かなければ二つとも異順に変わるが，g が前のほうに動けば減る．図の g の動きなら，異順に変わるのは1個である．これによって，異順は最大2増加する．なお，上線と上チェックのアイテムに関しては，図から容易に分かるように，ステップ $i+1$ で異順が増える可能性はない．

（3）つまり，ステップ i の MTF の仮想的コストは，最大でも（同順が全て異順に変わったとしても），

$$（実際のコスト）-（下線異順ペア数）$$

$$+（下チェック同順ペア数）$$

である．（実際のコスト）はステップ i の MTF リストの g より左のアイテム数であるから，（実際のコスト）-（下線異順ペア数）は（下チェック同順ペア数）に等しい．つまり，上の式で与えられる仮想コストは最大でも（下チェック同順ペア数）の2倍である．

（4）図から容易に分かるように，（下チェック同順ペア数）はステップ i の OPT のコストで抑えられる．つまり，（3）で計算されたステップ i の MTF の仮想的コストはステップ i の OPT のコストの2倍で抑えられるのである．

これで競合比が2以下であることの証明は終わりである，と言ってしまうとあまりにも乱暴である．確かに仮想的コストは OPT の2倍以下であるから，仮想的コストが実際のコストと同じであれば競合比2以下と言ってもいいであろうが，「仮想的コスト」とは一体全体何なのかよく分からない．実を言うと，全部のステップを見れば，実際のコストは仮想コスト以下になるのである．その理由は，仮想的コストの後半部分が「変化」だからである．つまり，ステップ i の仮想的コストを

$T(i)$，実際のコストを $S(i)$，ステップ i の二つのリストの違いの量そのもの（変化ではない，図の 5.3 なら，下線アイテムと上線アイテムの個数の和である 6 である）を $d(i)$ と表すとする．すると，仮想的コストは，

$$T(i) = S(i) + d(i+1) - d(i)$$

と書ける．したがって，

$$T(1) = S(1) + d(2) - d(1)$$
$$T(2) = S(2) + d(3) - d(2)$$
$$\vdots$$
$$T(n) = S(n) + d(n+1) - d(n)$$

であり，仮想コストを全部足すと，$d(i)$ の部分が次々とキャンセルされて，

$$T(1) + T(2) + \cdots + T(n)$$
$$= S(1) + S(2) + \cdots + S(n) + d(n+1) - d(1)$$

になる．最初は二つのリストはもちろん等しいので，$d(1) = 0$ である．したがって，MTF の仮想的コストの和は，

（仮想的コスト）の和 ＝ （実際のコスト）の和 ＋ $d(n+1)$

になる．よって，実際のコスト全体は仮想コスト全体以下である．

　この仮想的コストを最初に言った「ならしコスト」にするのである．オンラインアルゴリズムのコストは，各ステップで OPT のコストと大いに異なる可能性がある．ある場合には OPT の 10 倍ものコストになってしまうであろう．しかし，このならしコストを使うと常に OPT のコストの 2 倍以内で収まるのである．さらに，ならしコストは全体の和で見れば，実際のオンラインアルゴリズムのコスト以下になるという嬉しい性質がある．ならしコストの考え方はアルゴリズムの解析でしば

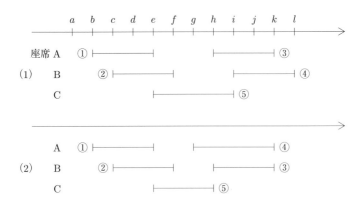

図 5.4 列車の座席割当て

しば現れるが，オンラインアルゴリズムの競合比においては格別と言っていいくらいよく利用される．

　もう一つよく知られた問題の例を見てみよう．「区間割当て問題」と呼ばれる．通信における周波数割当てなどの多くの重要な応用があるが，分かりやすいのは列車の座席指定である．図5.4を見てほしい．列車が左から右にいくつかの駅，$a, b, c, \ldots$ に停車しながら進んでいく．予約は，ある駅から別の駅までという形で時々刻々入ってくる．図の (1) では，最初に b 駅から e 駅までの予約が入ったので，席 A を割り当て，次に c から f で席 B（ダブルブッキングは当然禁止である），さらに h から k で（B も可能ではあるが）何気なく席 A を割り当てた．次が i から l で，素直に B を割り当てると次の e から i で間違いに気づいた．つまり，3番目の予約を B にしておけば，次が自然に A に行って，5番目の予約も A に入れたのである．間違えなければ2席で対応できたのに3席も使ってしまった．そこで別の機会では，下の (2) のように3番目の予約に B を割り当てた．もちろん，まったく同じ予約が後からくれば成功なのであるが，今回は少し違った予約がきて，やはり5番目の予約で間違いが分かるはめとなった．

　このように，オンライン問題の特色として，オンラインアルゴリズムの決定に対して意地悪をするような入力を作り出すことが往々にして可

能である．こうした意地の悪い入力を「敵対者の入力」と呼んでいる．このようなアルゴリズムの決定を悪用するような敵対者が本当にいるとは考えづらいが，アルゴリズム評価における大原則が最悪の場合を考えるということであるからして，こういうことになってしまうのである．アルゴリズムの決定が悪用されてしまう原因は，一度下した決定が変更できないというオンライン問題の約束である．逆に言えば，過去の決定を何らかの意味で取り消すことができればこういったオンライン問題特有の困難さは解消される．例えば，以前見たスケジューリングで，期限優先戦略というアルゴリズムが最適である（つまり神様にも負けない）ことを言った．そこでは，現在実行中の仕事を「中断」することが許されていた．これが以前の決定の取消しに当たっているのである．そこで，次のような教訓が得られる．一度した決定が取り消せない世界でのアルゴリズムは容易ではない．であるから，何らかの意味で取消しが可能な条件にしておくことが望ましい．あるいは，取消しができないのであれば，それに応じたメリットが与えられるべきである．実際にそうなっていることも多く，交通機関やホテルの予約でも格安チケットは大抵「変更不可」になっている．

株取引で本章を締めくくる．何だそんな単純な話か，と言われそうなのであらかじめ言い訳をしておくが，言われてみれば確かにそうだなぁということがすぐに分かる．今，ある会社の株式を 1000 株持っていて，それを売ることになった．もちろん，株取引は売り買いの錯綜した複雑な世界で，アルゴリズム的にもそれに対応することは可能であるが，今は簡単のために一方向取引を考える．現在の値段が 120 円で，今から 1 か月で全て現金化しないといけない．神様の 7 割の現金を得るという目標を立てた．しかし，値段の変動が無制限であるなら到底目標の達成は困難である．売った次の日にとんでもなく高い値段になれば，当然神様はその値段で売るので，神様との差はいくらでも開いてしまう．よって，この先 1 か月のその株の最低が 100 円，最高が 200 円であるという仮定（勝負の約束）を導入したうえでアルゴリズムを設

69

計する．取引の単位は1日，つまり毎日その日の価格が提示されると仮定し，さらに手数料はかからない，つまり自由に任意の量の株をその日の価格で売ることができると仮定する．

　最初に考えるのは，現在の120円で少しでも売るべきかどうかである．答えは売るべきではない．なぜなら明日，最低の100円に落ちてそのまま期限が来てしまったとしても，期限の最後に全部売れば10万円得ることができる．神様は12万なので，7割は十分に達成している．よって，先の楽しみを待つのがよいであろう．少し低迷した後で，5日後に130円になった．今度はどうであろうか．上と全く同じ理由で売る必要はない．次の日に150円になった．今度は神様は15万でその7割は10.5万である．つまり，いま何もしないで明日最低の10万になると目標を達成できない．そこで，100株を売るのである．それで，1.5万稼げて，最低価格で残りを売った（9万円）としても神様の7割である10.5万円が得られる．何日か後に180円になった．同じように考えて263株売ると，上と全く同様に計算して，

$$180 \times 263 + 150 \times 100 + 100 \times 637 = 126040$$

円得られる．神様の稼ぎの7割は，

$$180 \times 1000 \times 0.7 = 126000$$

なので，何とかOKである．つまり，このアルゴリズムでは，目標の競合比を決めて，それに沿って株の値段が上がったときにだけ必要最低限を売るのである．

　競合比が好きに設定できるのであれば，もっと高く設定すればよいではないか．例えば9割に．今度は120円で400株売ることになる．次の130円ではさらに300株売ることになる．次に150円になった時・・・もうお分かりであろう．このとき神様の9割を確保するだけの売れる株の手持ちがもうなくなってしまっているのである．つまり，値段の上限と下限を決めた段階で，目標とする競合比の上限が決まってしまう．そこで，その上限を実現するのが最適なオンラインアルゴリズムという

ことになるであろう．もしこれを実際の取引に応用しようとするなら，決めるのは値段の上下限で，それらを決めると競合比の上限が決まり（株価が滑らかに変化するという条件を使ってこの上限をどのように計算するかは少し難しい練習問題である），取引の進め方も上の計算に従って自動的に決まってしまう．今回のように1日一回の取引だけということでは誤差が出てしまうが，大雑把なところでは問題ない．つまりアイデアは実に単純で，目標を決めれば終わりであり，後はその目標に従って指定される取引を淡々と行うだけなのである．基本はこの考えで（多少は現実に合わせて）プログラムを作って実際の株の値動きでシミュレーションをやってみると，結構儲かることが分かった．多くの指南書に書いてあることも，色々脚色はあるが，基本的には上の考え方に従っていると言われている．

第6章
アルゴリズムからメカニズムへ

　京の一日観光についてよく質問される．特に外国からのお客様から「京都で一日観光するけど良い場所を推薦してほしい」と尋ねられ，正直，困ってしまう．安全なのは金閣寺とその周辺，銀閣寺から哲学の道，清水から国立博物館，嵐山，といった感じかもしれない．少し離れたところで宇治も素晴らしい．元気な人には雲母（キララ）坂から比叡山のハイキングを薦めるが，これは多くの人から素晴らしかったと感謝された．もしその人が京都が何回目かで，上のような場所は既に見たというなら，私は伏見を薦める．伏見というと伏見稲荷が真っ先に思いつく．実際，最近の人気は半端でないらしくて，アジアからの訪日旅行者の一番の人気らしい．ただ，私が言っている伏見はもう少し南の，昔の港のあった辺りのことである．秀吉の伏見城から始まって鳥羽伏見の戦いまで，江戸時代をとおして重要な地位を保っていた場所である．当時，大阪湾からの船は大きなものはここまでしか来られなかったらしく，大都市であった京都の水運の要であった．言うまでもなく，京都は西陣をはじめとする繊維，工芸品，お菓子，調味料，酒，等々我が国における二次産業の中心であったから，原料や製品の運搬にこの伏見港が大きな役割を果たしていたのである．

　実際，見るところも多くてゆっくり一日つぶすことができる．龍馬のファンなら彼が危うく難を逃れた寺田屋を外すわけにはいかない．左党でなくとも月桂冠の博物館はぜひ訪れたい．私は少し前にダブリンに

行くチャンスがあって，当然ギネスストアハウスを楽しんできたが，この月桂冠大倉記念館は，多分このギネスを参考にしたものではないかと思う．製造法に関する説明は当然のこととして，昔の宣伝のポスターや製品の運搬，利き酒にいたるまでそっくりである．それで，入館料はギネスの何分の1かなので本当にお薦めである．ちなみにギネスでは，ビール1杯が入場料に入っている．多くの人は最上階の展望バーで飲むが，私は1階下のレストランで牡蠣を食いながら楽しんだ．値段も手ごろで味も素晴らしかったので，大いにお薦めである．

さらに少し東に歩くと高台に桃山御陵がある．ここが明治天皇のお墓であるということを知らない人が多く，私が講義していた教室の数十名の学生に一度聞いたことがある．驚いたことに，ほとんどの学生が知らなかった．少し前に行った時，私たちがお墓を眺めていると，近くの地元の人が手招きしている．何のことかと行ってみると，なんと数十キロ離れた大阪のあべのハルカスという高層ビルが見えるのである．とてもラッキーだったらしい．少し脱線するが，京都駅から近鉄に乗ると，急行が丹波橋に停車する．この駅は京阪との接続にもなっていて急行が止まるのは当然であるが，そこを発車して30秒ほど走るとまた駅に止まる．その駅が桃山御陵前という小さな駅である．私はこの不思議な現象（そもそも駅間の距離が短すぎるし，急行が続けて止まるのが信じられない）に京都に来てすぐに気づいた．周りの学生に聞いてみると1人物知りがいて，長々と説明してくれた．それを手短に言えば以下のようになる．私が京都に来る直前の60年代までは，この線は奈良電鉄という近鉄とは別の会社だったとのこと．その何代か前の経営者（明治天皇の崩御を経験している）が皇室を大事にする人で，必要性が疑問のその駅を作ったことと，そこに急行を停車させることは当然のことであったらしい．近鉄になってからもその習慣が続いているのである．ちなみに，私自身，桃山御陵がそういう場所であったことを，この時に初めて知った．

このように，京都は天皇を擁した首都というだけでなく，工業商業でも大いに栄えた大都市であった．しかし，商業という面ではさすがに

大阪にはかなわない．天下の台所と称して大いに反映した街が大阪である．実際，私が京都に来た60年代終わりから70年代の初めごろは，大阪はまだ東京と互角だと多くの大阪人が思っていたようである．御堂筋の繁栄ぶりはとても印象的で，地元から来ている同輩の自慢の種であった．その大阪が江戸時代に栄えたのは，米の集散地だったかららしい．現物の移動を伴わない先物取引というシステムを世界で最初に導入したことで有名である．季節商品である米に対して，その値段を先に決めるシステムは合理的ではあるが，そのシステムを一種のマネーゲームに昇華させた知恵は大阪人らしい．前の章で，皆で協力して，つまりチームワークで良い結果を出すことに関して調べてみたが，経済の世界では「協力」は簡単ではない．つまり，我々の自由経済の世界は，他人を出し抜いて儲けるという利己主義の権化のような世界だからである．そういった世界で通用するルールやシステムは，とにかく公平であることと，人気が高いことが条件である．上の米の先物取引も，ギャンブル好きの人間の本性を突いたものなのであろう．

経済のシステムに関する設計や解析にアルゴリズムの考え方を使うという動きが前世紀の終わりごろから盛んになってきた．アルゴリズムよりは，より広い**メカニズム**という言葉を使うことが多い．本章では**オークション**を例にとって我々のメカニズムデザインのアイデアを説明する．オークションと言えば絵画や骨董品での高額取引がしばしばニュースになる．しかし，それはほんの一握りで，多くの場合取引は成立しないと言われている．例えばヤフオクなどは良い例で，ほとんどの品物（9割以上）は落札しない．そもそもこのようなシステムが成立するのは，極めて低いコストで情報を散布できるインターネットの存在があるからであり，ネット時代の申し子と言ってよいであろう．しかし，ここではこのように時系列で値段を上げていくタイプのオークションは対象にしない．アルゴリズム的には面白くないからである．

本章で扱うオークションはいわゆる**秘密入札**で，**入札者**は他の入札者の**入札額**を知らずに入札する．例えば，ある中古の人気スポーツカー

が出品されて，明日の午後 5 時までに入札することという条件がつく．そこで，メールで入札額を送って，落札できればその自動車が自分のものになる．原価がはっきりしないものに対する値段の付け方は難しいのが常識で，そういった品物に対して，購買者に値段を付けてもらうというアイデアは誠に理にかなっている．落札の条件は通常は最高値の入札であるが，色々欠点もあると言われている．一言で言えば疑心暗鬼になってしまうことで，自分が本当に思っている価値だけでなく，他の人が思っている価値を推理しないといけない．自分が思っている価値は 2 万円だが，他の人にとってはそんな高額はありえない，せいぜい 1.5 万だと思ったら，1.6 万と入札すべきか，などという複雑な心境に陥ってしまうのである．

　このような疑心暗鬼が生じる原因は，自分の入札額が自分の**落札価格**に影響を与えるからである（というか上の場合は，落札価格は落札した入札者の入札額そのもの）．それなら，自分の入札額が落札価格に一切影響しないようなルールならどうであろうか．それなら，（全部とまではいかないまでも）上のような煩わしさは大分解消されるに違いない．つまり，どうせ自分の入札額が落札価格に関係しないのであれば，正直に自分の思っている価値を書こうではないかと考える．よく知られているそのような例が**ヴィックレーオークション**と呼ばれるシステムである．これは，落札者は最高額の入札者であるが，その落札価格は 2 番目の入札額にするというものである．落札価格に自分の入札額が響かないのであれば，正直に入札するのが最も得であるということが，以下のように簡単に証明できる．落札価格を自分でコントロールできないということは，落札価格はランダムに決まると考えてよい．今ある品物の自分の価値が 1000 円だとしよう．1000 円で素直に入札すれば，1000 円以下の落札価格の時に，その価格と 1000 円の差がその人の「利得」になる．つまり，商品が買えたときは，（自分の思っている価値）－（その落札価格）が儲かった量，つまり利得になると考え，買えなかったときは利得はゼロとする．今の場合 1000 円で入札するなら 1000 円以下の落札価格 x の時に $1000 - x$ が利得になり，それ以外はゼロである．

900円で入札すると，落札価格が900円から1000円の間の時が正の利得があったかもしれないのに（買えないので）ゼロになってしまう．逆に1100円で入札した場合，1050円で落札してしまうと利得が負になってしまう．結局1000円で入札するのが利得の期待値を最大にするのである．

一品種多数の品物に対してもオークションは非常に有効である．ソフトウェアやコンテンツが代表的で，製造原価は（いったんできてしまえば）ゼロのようなものなので，値付けが難しい代表例である．よって，オークションで消費者に値段を決めてもらおうと考えるのは自然である．この場合の一般的仕組みは，以下のようなものである．ソフトのような品物を売るのが**競売人**，入札するのが入札者で入札者は n 人とする．

（1）秘密入札である．つまり，入札者は他の人の入札情報を一切知らずに入札する．

（2）集まった n 個の入札に対して，競売人は入札者 i に対する**提示価格**を関数（アルゴリズム） $f_i(b_1, b_2, \ldots, b_n)$ によって決める．$b_1, b_2, \ldots$ は入札者1，入札者2, ... の入札額である．この関数値が入札者 i の入札額 b_i より大きいと入札者 i は商品を落札できない，以下であればその価格 f_i で落札できるというルールである．逆に言えば，競売人は関数値が入札額以下の入札者にのみ，関数値（＝提示価格）で品物を売り，関数値が入札額を上回った入札者には単に「売れません」と伝える．

（3）競売人は関数 f_i を自由に決めていいが，いったん決めたあとは公知であるとする．

例えば，ある映画ソフトのオークションがあったとする．入札者 A は1000円，B は1200円，C は600円で入札した．提示価格が A に対しては900円，B に対しては1100円，C に対しては800円と計算され，C は落札できない．競売人（商品の提供者）の売り上げは2000円である．（3）で述べたように，提示価格の計算アルゴリズムは競売人

が自由に決定することができる．もちろん，各入札者に対して異なっていても構わない．競売人のゴールは当然，売上をできるだけ多くすることである．提示価格の関数を自由に決めることができるのであれば，入札額をそのまま提示価格にすればよいではないかと思うのが普通である（私も最初そう思った）．上の例の場合であれば，それぞれの提示価格を入札額と同じ，1000円，1200円，600円にすれば，売上は $1000 + 1200 + 600 = 2800$ 円で前と比べて4割も増える．しかし上の条件（3）を見てほしい．計算式は皆知っているのである（実世界ではこういうことが秘密にされることも多いが，たいてい情報が漏れてくる）．したがって，$f_i(\cdots) = b_i$ であるなら，皆最低の1円で入札するに決まっている．

そこで競売人にとっては，各入札者が自分の価値を正直に言うシステム（上記の計算式 f_i）を開発することが重要になる．ヴィックレーオークションを思い出してほしい．正直に入札することがその入札者の最大の利益になるシステムは，落札できるときの落札価格が自分の入札額に影響されないシステム（**入札独立**なシステムと呼ぶ）であることを述べた．深くは立ち入らないが，今回のオークションでも状況は全く同じであることを証明することができる．ということは，以後の最大の関心事は正直者が得をする，つまり入札独立な f_i を見いだすことである．

そんな f_i は簡単に作れる，と仰るかもしれない．例えば，入札者 i に提示する価格を i 以外の入札者の入札の平均にすればよいではないか．確かにこれなら i への提示価格は i の入札額には依存しない．しかし，例えば100人の入札者がいたとして，1人が1000円，残り999人が100円で入札したらどうなるであろうか．1000円の入札者は（他の入札額の平均の）100円で品物が買えて上機嫌であろうが，他の人は全員買えない（容易に分かるように，提示価格が100円より少し上になる）．さらに，競売人の売上がたった100円にしかならないので話にならない．

そこで登場するのが，オンラインアルゴリズムの時にも使った**競合比**である．つまり，入札独立という条件を満たす（f_i を計算する）アル

ゴリズムの良さを競売人の売上の多さで計ることにし，その性能を神様の性能と比較して良さを競うのである．ここで神様は前と同じように制限のない，つまり入札独立でなくてもよいアルゴリズムである．そのようなアルゴリズムの典型は前にも述べた入札額をそのまま提示価格とするアルゴリズム（**貪欲アルゴリズム**と呼ぶ）である．現在のルール(1)〜(3) の下では最適のアルゴリズムであることは明らかである．誤解してほしくないのだが，今設計するアルゴリズムは入札独立であることが条件になっている．神様のアルゴリズムはあくまでその評価のためだけに利用するので，全員が1円で入札云々の心配をする必要はない．

　しかし大きな問題があって，貪欲アルゴリズムを比較対象とすると，どんな入札独立なアルゴリズムも良い競合比が得られない（つまりアルゴリズムを選別するという意味での評価ができない）ことが簡単に証明できるのである．上の例と同じような例で，ただし今回は，高額入札の人は1人（Aとする，額は後で考える）であるが，低いほうの入札が10円でしかもその入札者が9人しかいない場合を考えてみよう．どんな入札独立アルゴリズムでも，その入札独立性から，1人高額な入札をする人への提示価格はその入札価格に依存しない，つまり，例えば200円である．その場合，競売人の売上は，たとえ全員が買ったとしても，最大で290円である（理由を考えてほしい）．貪欲アルゴリズムであるなら，A の入札額そのものが売上に加わるので，理論上はいくらでも大きくなる．したがって，有限の競合比にならない．

　しかしこのような，大部分が10円なのに1人だけ10万円の入札をするなどというのは，いくら何でも異常である．よって，こんな異常な入札に対しては，たとえ神様であったとしても，おおよそ290円しか得られないようなアルゴリズムを神様のアルゴリズムとすればよい．そんなアルゴリズムで広く認められているのが，**2名落札1値アルゴリズム**と呼ばれるもので，通常 F_2 と略記される．F_2 には以下の二つの制限がある（逆に，その制限を満たしさえすればどんなアルゴリズムでもよく，当然できるだけ売上の多いものを考える．もちろん入札独立ではなくてよい）．(i)f_i は全ての i に対して同一である．つまり，提示価格

は入札額に関わらず同じ価格でなければならない．これが「1値」の意味するところである．(ii) 落札人が2名以上になるような提示価格でなければならない．これなら，上の異常な入札に対しても，全員に同じ提示をして2名以上の落札ということから，提示価格は10円を超えることができない（超えると1名しか落札できない）．したがって，最大でも90円の売上しか得られず，これが神様の売上になる．

では，多少は現実的と考えられる一つ前の入札，1人が1000円，残り999人が100円の場合はどうであろうか．容易に分かるようにF_2のベストは100円を全員に提示することであり，総売上は約10万円になる．しかし，前に述べた他の人の入札額の平均を提示するアルゴリズムでは売上は100円にしかならないことを思い出してほしい．したがって，このアルゴリズムは，新たな神様との比較においても到底良いとは言えない（競合比が$100000/100 = 1000$にまで大きくなってしまう）．なお，F_2が入札独立になっていないことの証明は少し考えればできる．つまり，提示価格が微妙に変化するような入札を考えて，ある1人の入札がその変化をコントロールできることを示せばよい．

我々の神様は，以後このF_2である．そこで，F_2に対して競合比の良い入札独立なアルゴリズムは存在するのであろうか．これは決して自明ではなく，未解決の期間が結構長かった．今世紀の初めごろ，次のアルゴリズムが比較的良い競合比を持つことが示された．簡単のため図6.1の例を使って説明するが一般化は容易であろう．

（ステップ1）全ての入札を二つのグループに分ける．分け方はランダムに行う（各入札に対してコインを投げ，表ならグループ1に，裏なら2に入れる）．図6.1で，入札額の分布が上の棒グラフ（横が入札者，縦が入札額）で示されている．それをランダムに二つのグループB_1とB_2に分けたのが下の図である．

（ステップ2）各グループで，**1値アルゴリズム**を実行する．これは，F_2の落札人が最低2名という条件を取り去ったアルゴリズムで，売上が最大になるアルゴリズムである．例えば一つだけ巨額の入札が存在し

第 6 章 アルゴリズムからメカニズムへ

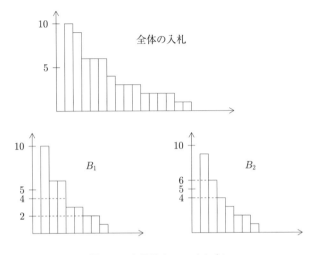

図 6.1 入札独立アルゴリズム

て，他の全ての入札を足してもそれに及ばないときは，その人の入札額と同額の提示額を（全員に）出してよい．グループ B_2 での1値アルゴリズムの提示価格は 6 がベストで，総売上は 12 である．実は，この例の場合は 4（×3 人）でも 3 でも 2 でも売上は全部同じ 12 になる．

（ステップ 3）その総売上 12 を別のグループである B_1 のほうで 1 値アルゴリズムで実現できるかどうかを調べる．今の場合，実現できる，つまり提示額を 4 にすれば 3 人が買う（入札額がそれ以上）からである．実は提示価格 2 でも実現できる．買える人が 7 人いるからである（目標を超えることは問題ない）．このようにいくつかの提示額で目標が達成できる場合は，その中で最も低い額を提示額にする．つまり，この場合は 2 を B_1 のグループの入札者に提示する．もし実現不可能であるなら，十分に高額（誰も落札できないような）を提示額として B_1 の人に提示し，逆方向を試みる．つまり，B_1 の 1 値アルゴリズムの売上を B_2 で実現する可能性を追求する．今の例の場合は B_1 の売上は提示額 6 で 18（6×3 人）が実現できるが，それを B_2 に対する 1 値アルゴリズムで実現することは不可能である．

アルゴリズムの解析（入札独立性と競合比）をしよう．それぞれのグ

ループに対して1値アルゴリズムを実行した結果，それぞれのグループでの売上（P_1 と P_2）が定まる．売上の少ないほうを別のグループで実現するのは明らかに可能である．よってこのアルゴリズム全体としての売上は少なくとも P_1 か P_2 の少ないほうになる．二つのグループにはランダムに分けたので，しかも1値アルゴリズムは2名落札1値アルゴリズムより制限が緩いので，神様のアルゴリズムの売上の約半分は確保できるのではないかと直観的に想像できる．これは多くの入札者が比較的なだらかな入札額の変化で入札した場合には確かに正しいので，およそ2の競合比が得られるはずである．しかし，入札が偏っていると，そうはいかないのである．

　図6.2を見ていただきたい．図の上のほうに示すように，高額の入札が2件あって，それらが神様のアルゴリズムの売上になる，つまり少しだけ低いほうの額の2倍が売上である．一方，我々のアルゴリズムでは，この高額の2件が一方のグループにまとまってしまう場合（図の中段）と両方のグループに分かれる場合（下段）がそれぞれ確率1/2で生じる（この確率については，次のように考えればよい．二つのボール X と Y をビン A と B にランダムに入れる．X は A か B に等確率で入る．つまり，場合の数としては，X が A で Y が B に入る，X が B で Y が A に入る，共に A に入る，共に B に入る，の4通りで全て等確率で生じる）．図の中段の場合は，売上はほとんど得られない（左のグループの売上がほとんどないし，右のグループの売上を左のグループで実現するのは不可能である）．下段の場合は，小さいほうの売上を大きいほうで実現できる．このときの額は棒1本分であるから，2本分の神様の半分である．しかも下段が生じる確率は1/2なので，期待値的には神様の1/4しか得られない．つまり競合費は2ではなくて4なのである．

　次が，このアルゴリズムの入札独立性である．図6.1で，ある入札者がグループ B_1 に入ったとする．提示される4であるが，目標とする売上全体の額は別のグループによって決まるので，その入札者は全くコントロールできない．4という値自体であるが，可能な一番低い値を利用

第 6 章 アルゴリズムからメカニズムへ

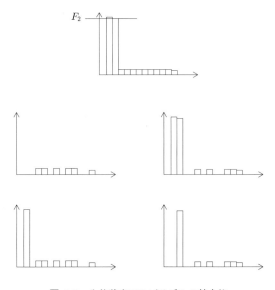

図 6.2 入札独立アルゴリズムの競合比

するというところが重要で，やはりその入札者は関わることができない（例えば，その入札者が最低ギリギリの値のとき，少しでも入札額を下げると単に落札できなくなるだけである．詳細は省略する）．

このように，なかなかよくできたアルゴリズムである．以後いくつかの改良版が発表されて，競合比も上の 4 から 3.39, 3.243 と改良されていった．実は私も 10 年ほど前にこの問題に興味を持って，競合比が改良できないか学生と一緒に調べた．そして，3.119 に改良することができた．以下，少し専門的になるかもしれないが，そのアイデアを簡単に述べてみたい．

落札者の数が上のアルゴリズムの性能に大きく関わる．つまり，神様である 2 名落札 1 値アルゴリズム F_2 が何人（Z 人としよう）の落札者を出すかによって，このアルゴリズムの競合比が大いに異なってくる．最悪の入力（入札）が $Z = 2$ の場合で競合費が 4 になってしまうことは上で述べた．しかし，落札者の数が増えるような入札に対し

ては競合費がどんどん良くなっていく．具体的には，$Z = 3$では4のままであるが，$Z = 4$になると，3.2に下がる．さらに$Z = 5$では変化しないが，$Z = 6$になると，2.9まで下がる．このことを利用するのは自然である．つまり，このような，落札者の少ない時にうまく動作するアルゴリズムを考えればよい．そんなアルゴリズムはあるかというと，ある．例えば図6.2のような入札額の分布で，神様のアルゴリズムでの落札者が2名しかいない場合は，はじめからその2名だけにしぼってヴィックレーオークションを適用すればよいのである．これによって，競合比2が実現できる．簡単ではないか‥‥．

このアプローチには二つ問題がある．一つは，入札を見てから異なったアルゴリズムを選択するというアプローチを使っていることである．上の場合であれば，異様に高額な入札が二つあるかないかを見てから異なったアルゴリズムの選択をしている．注意深く考えれば入札独立性を壊してしまっていることが分かると思う．それでは，確率的に使い分ければよいではないかということになる．それなら確かに入札独立性に関しては問題ないのであるが，今度は別の問題が生じる．上の落札者が1人だけのヴィックレータイプのアルゴリズムは神様アルゴリズムの落札者の数Zが3，4と増えていくに従って，すぐに競合比が悪くなってしまって，少し大きなZの値に対しては全く使い物にならない．そこで考えたのが，上の高いほうから二つだけとるというアルゴリズムの拡張版で，高いほうからm個の入札だけをとって，後は普通にランダムに二つのグループに分けて後は上のアルゴリズムと全く同じ動作をさせる．重要なのは，各mの値によって異なってくるアルゴリズムを上手に確率的にミックスすることである．そうすることによって，mの値が上昇するに従って，競合比が緩やかに上昇する（単一の）アルゴリズムが得られるので，後は逆の性質を持つ（つまり競合費が減少する）既存のアルゴリズムと（これも確率的に）組み合わせればよい．この3.119という競合比は10年以上たった今でも改良されていないようである．なお，このような一品種多数の品物に対するオークションが実際に使われているのかという疑問を持たれるのは当然で，そのような読者

は「グーグルがどこから収入を得ているか」に関して調べてみるとよい.

入札独立性を有するオークションは様々な場面で有用であると思われる. 例えば, 限りのあるリソースを多くの人に分配することを考える. 例えば, 昔よくあったのが, 共同利用計算機のファイルの貸与である（今では信じられないが, その当時は例えば 10 メガのファイル容量をもらえて自由に使えるというのは驚喜する出来事だった). 希望者は希望する量を提出する. 提供者は上と全く同じように, あるアルゴリズムで貸与する量を計算して提示する. 希望する量以上が提示された場合は, その提示された量を利用することができる. 提示された量が希望量未満の場合は一切利用できない. 提供者の目的は提供する総量を最小化することである. つまり, 通常のオークションの場合と全ての設定が反対になっている. もちろん, 狙いは各利用者が正直に自分の希望を提出してくれることである. そのためにはある人に提示される貸与の量がその人が提出した希望の量と無関係であれば, つまり入札独立であればよいであろう. そんな性質を持つ貸与量の計算アルゴリズムを考えてみてはいかがであろうか.

国民が皆正直で法を順守すれば, その国は平和で繁栄するに違いない. もちろんそんなことはなかなか起こらなくて, 政治家が努力するのは, 少しでもそんな状態に近づくように国を導くことである. しかし, この章の議論を見れば, それは簡単なことのように思える. つまり, 正直で法を守ることが結局その人の利益になるように社会のシステムを作ればいい. 絶対にうまくいかないのが, 力で押さえ込もうとすることであって, それは歴史的にも証明されていることである. 国家レベルでは困難なゴールかもしれないが, 会社とか大学のようなより小さいコミュニティならある程度実現できるかもしれない. アルゴリズムが貢献できるのであれば最高である.

この章の最後に, 経済活動は様々なトリックに満ちていることを注意しておきたい. 例えば, 最近普通になってきた, 新聞のオンライン購

読である．価格設定を見ると，オンラインのみが 2000 円，紙媒体のみが 4000 円，紙媒体とオンラインの両方で 4000 円である．何かおかしくはないだろうか．そう，誰も選びそうにない，紙媒体だけのオプションが入っているのである．面白いのは，この紙媒体だけの購読を除くと大部分がオンラインのみの選択になるらしい．ところが入れておくと，半分くらいは両方の購読に流れるということであって，新聞社はより儲かることになるのである．レストランでもコースのほうがアラカルトよりも数段儲かる．そこで，できるだけコースを選ばせようとするのであるが，よくあるのがコースなら（少しの追加料金で）飲み放題を付けるというトリックである．だまされないようにしたいものである．

第7章
1番ではなくても

　　今の日本の都市では東京が文句なく1番である．しかし京都も長い間1番であった．市内のほぼ中央に京都御苑という公園のような一角がある．私はこの御苑と御所を長い間混同していたが，御所は御苑の中のほんの一部である．御苑の面積は約100ヘクタールにも及び，皇居と比べても多少小さいくらいである．ここは幕末までは御所とその周りの公家の屋敷群だった．明治維新で天皇が東京に移動したので周りの多くの公家も一緒に東京に移ったらしい．それで，御所自体も，また周辺の屋敷も一時は非常に荒れてしまった．しかし，戦後整備されて，私が京都に来た70年ごろは既に綺麗な公園風になっていた．多くの公家が東京に移ったと言ったが，それは今の御苑内（つまり今出川通りなどの大きな通りに囲まれた一角）では，ほぼ強制的であったらしい．逆に言えば，その一角でない，例えば今出川通りを隔てた北側にはまだ昔の公家屋敷が多少残っている．有名なのは冷泉家で，屋敷そのものもさることながら多くの文化財を抱えていて，数点の国宝に加え，重要文化財に至っては数えきれないほどである．毎年，未公開文化財の特別公開と称して冬の寒い時期に展覧会がある．ついでに言うと，京大のキャンパスはこの御苑から目と鼻の先である．これも結構大きくて，面積的には御苑と大差ない．こんな大都市の真ん中にこれだけの敷地を有している大学は我が国では珍しい．東大の三四郎池のような緑地はないが，代わりに広大な農園を有している．キャンパス内の土地は，全部大

学の土地ではあるが，所有者ははっきりしているらしく，各学部等によってきっちり分けられていると聞いたことがある．最近工学部の大半が立地的には大いに問題のある桂キャンパスに移転したが，その時に思ったのは，「農地をつぶしてしまえば土地はいくらでもある」という疑問であった．全く実情を知らない間抜けな疑問であったというしかない．

御所は長い間，年に2回の公開であったが，最近常時公開になった．残念ながら建物の内部には入れないが，建物のかなり近くまで行けるので，中の様子をうかがうことができる．私も1年ほど前に行ってみた．幸運なことに説明する人がおられて，その後をついていったところ面白い話を聞いた．多くの建物があるが，最も重要なのは紫宸殿で，昭和天皇まではここで即位の式が行われた．その時に重要な役割をするのが，正面に見える高御座（たかみくら）である．天皇の御座ということで，これがないと即位式も行えないらしい．昭和天皇までは京都御所に来られたので問題はなかったが，今上天皇の場合は色々な事情から東京の皇居で即位式を行った．そこで，この高御座を運搬したのであるが，解体は危険ということで，そのままヘリコプターで運んだという正にニュースになる出来事であった．そのような説明のあとで，その人がニヤッとして言うには，日本の首都はまだ京都だというのである．一つは上の高御座がまだここにあるということであるが，これはまぁ詭弁の域を出ない．次が重要で，法律や公文書のどこにも東京が首都と書いていないというのである．これには少しびっくりして，帰ってから色々調べてみたが，確かに「首都圏」はどこかの法律で定義があるらしいが，首都そのものに関してはどこにもないらしい．だから何も変わっておらず，今でも京都が日本の首都だということらしい．今でも1番なのである．

1番の仕事を計算機にもしてほしい．ここで言う1番はスパコンの速度の1番ではなく1番の答えを出してほしいという意味である．1番も2番もないではないか，計算機あるいはアルゴリズムが正確な答え（1番の答え）を出すのは最低の条件ではないか，と仰るかもしれない．例えば，我々も大いにお世話になっている，検索問題を考えて

みよう．長大な文書の中から欲しい言葉や単文を含んだ部分を見つけ出したい時に大変便利である．「長大」と言ったが例えば，1ページに1000文字，全部で1000ページの文書だとしても，データ量はたった1メガである．今どきの計算機であれば，その程度の検索なら瞬時である．もちろん，だからと言って検索のアルゴリズムが重要でないことにはならない．実は検索のアルゴリズムは，アルゴリズムの中でも最も重要な分野の一つである．しかし，単純な方法でやったとしても，1メガ程度であれば全く問題なく「正しい」答えを出してくれる．つまり本質的に易しい問題なのである．

　厄介なのは，我々が扱う問題はそんな易しい問題ばかりではないということである．例えば巡回セールスマン問題という有名な問題がある．色々な場面で現れる問題であるが，例えばコンビニの配送が良い例である．大手コンビニは都市ごとに配送センターを有していて，そこから商品を1日に何回も各店舗に配送する．トラックを何台も持っているが，1台のトラックが受け持つ，例えば10店舗を，どのように回って配送センターに帰るのが最も効率が良いかという問題である．単純に走行距離（走行時間）を最短にしたいという要望だけでなく，道路の時間による混み具合や，店舗が道路のどちら側にあるか，一方通行の有無，時間帯による駐車の困難さ，等々考慮すべき事項がたくさんあって到底易しい問題ではない．モデル的にはこのような色々な要素は各店舗間の（仮想的な）距離という形で埋め込んでしまうことができるので，実質的には最短走行距離を目標にルートを考えればよい．

　この問題は有名な**NP完全問題**で（後の章で詳しく扱う），完璧な最適解を求めようと思うと，いわゆる総当りをする以外に本質的にベターなやり方はないと信じられている．上のように10店舗くらいなら，10の地点の全ての異なった順序を総当りしても10! くらいなので，できないことはないかもしれないが，他に例えば20台あるトラックにどの辺の店舗を受け持たせるかという問題もあって，決して易しい問題ではない．そこで完璧な最適性（1番の答え）は諦めて「そこそこの解」を経験を積んだ人間が設計していると思われる．このような解を我々は**近似**

解と呼んでいる．つまり 2 番で満足するわけである．もちろんそのためには，総当りではない短い計算時間で答えが出るというのが大前提である．

1 番を諦めたと言っても，ある程度最適解に近いことが重要である．例えば上のような配送センターでも，仮に 1 台のトラックの効率を 5% 改善できて，それが 500 円のコスト改善になると 20 台で 1 日 1 万円のコスト改善である．1 年にすれば，さらに全国ともなれば，と考えていくと決して馬鹿にならない．つまり，近似解を採用する場合には，その近似解の最適解への近さが重要になるのである．この概念は競合比と全く同じである．つまり，近似解の良さ（通常はコスト）と最適解のそれの比をとるのであるが，**近似度**と呼ばれることが多い．以下では，いくつかの問題に関してこの近似度を調べてみよう．近似度の良い解を高速で求める，つまり近似解に関して性能の良いアルゴリズムを設計する時も，一般的な指針がいくつか存在する．それらは我々の日常生活でも大いに役に立つので十分に吟味してほしい．

分割問題を最初に考えてみよう．問題そのものは既に第 3 章で出てきた．n 個の整数 $i_1, i_2, \ldots, i_n$ が与えられたとき，それを和が等しい二つのグループに分けることができるかどうか，という問題である．問題を少し変えて，入力としてもう一つの整数 M が与えられ，合計が M になる部分集合が存在するかどうかという問題もほぼ同じである．第 3 章で述べたとおり，各整数の値があまり大きくなければ動的計画法で効率良く解ける．つまり各整数の桁数が問題の困難さに関係してくる．もちろん，大変なのは各整数の値がかなり大きい時で，例えば整数の個数 n に対して各整数の桁数も n くらいまで大きくなるといった状況がまずい．動的計画法で $i_1, i_2, \ldots$ の順番で実現できる和を総当りしていく時に，和の値が倍々で増えてしまうからである．正確に解こうとすれば，つまり和を正確に M にしようと思えば，総当りより本質的に良い方法はないと考えられる．しかし和が M に近い近似解でよいなら様々な攻略法が考えられる．

第7章　1番ではなくても

　第一に試したいのは，微調整可能性である．整数の大部分は大きな数
だったとしても，小さな値もある程度の個数含まれているかもしれな
い．もし，その小さな数の和が大きな数一つと大体同じくらいになった
としたら，それだけで十分である．大きな数を最初からとっていって，
目標の値 M の直前でやめる．M に足りない値（M'）は大きな数 1 個
分より小さいので，それを埋めるために小さな数が使える．こうして問
題は小さな数の部分集合で和ができるだけ M' に近いものを求める問題
に置き換わった．これなら動的計画法が使えるかもしれない．はじめの
部分の大きな数の取り扱いがいい加減なので，依然として近似解の域を
出ないが，誤差は明らかに小さな数 1 個分以内なので，M との比で考
える近似度という物差しの下ではかなり良い近似解が得られるはずであ
る．動的計画法が使えなくて，単純な方法ではじめから順に取って M'
に近づけていっても，誤差は最大での小さな数 1 個分であることに違
いはない．

　もし，大きな数の中でも極端に大きな数が比較的少数存在するなら，
そのような整数に対してのみ総当りを実行するという考えもある．その
ような巨大な数が 20 個あったとしたら，2^{20} 通りの部分集合を全て用
意するのである（この程度ならパソコンでも十分である）．各々の部分
集合の和をとって，M に足りない分の M' を残りの数で埋めるのであ
る．この M' と残りの数という明らかに規模が減少した問題に対して動
的計画法が使えれば，近似解でない厳密解を得ることができる．動的計
画法の利用が困難であったとしても，残りの問題では各整数の値が小さ
くなっているのでその分，問題が易しくなっている．このように問題の
中に極端に重要なアイテムが少数あれば，それらに関してのみ総当りを
実行するというのも有力な戦法である．

　3 番目のアイデアとして，計算能力との兼合いを考えるというものが
ある．与えられた整数の個数 n と，自分のパソコンの能力を考えると，
各整数が 10 桁以内なら動的計画法が使えると分かった．しかし不幸な
ことに，入力の整数はほとんどが大きく，おおよそ 20 桁という有様で
ある．どうしたらよいであろうか．単純に「桁落とし」をすればよいの

91

である．最大の 20 桁を 10 桁にしないといけないのであるから，全て
の整数の下 10 桁を落としてしまう．元々 10 桁以下の数がゼロになっ
てしまうが気にしないでよい．もちろん，目標の M も下 10 桁を落と
して，新しい入力の下で動的計画法を実行すればよい．近似度は非常に
良い，つまり，20 桁のうちの下 10 桁は比率的には無視できる誤差であ
ることに気づいてほしい．この手法の良いところは，計算能力と近似度
を取引できることである．

　ビン詰め問題を次に紹介する．ここでの「ビン」は牛乳瓶
のようなビンではなく，英語の bin，すなわち飛行機内の頭上のモノ入
れや大きさの決まったダンボール箱のようなものを想像してほしい．つ
まり，そういったモノ入れに品物をできるだけ効率的に詰め込みたい，
与えられた品物の集合に対して必要なビンの数を最小にしたいという
問題である．ここでも，実用的には上で述べた戦略が有用である．つま
り，大きな荷物が少数あれば，それらに関しては計算時間を掛けてもよ
いので，できるだけ良い詰め込みを発見する，つまり少ないビン数を実
現するのが良い．残った小さい品物は，大きな品物が入っているビンの
「隙間」を利用できるからである．実際，飛行機でアテンダントがやっ
ているのは正にこの方法である．近似度と計算能力の取引も（前よりは
込み入っているが）可能である．

　せっかくなので，近似アルゴリズムを少し厳密に評価してみよう．簡
単のために我々のビン詰め問題は 1 次元とする．つまり，入力は 1 以
下の正数（アイテムと呼ぶ），$i_1, i_2, \ldots, i_n$ である．問題はこれらのア
イテムを容量 1 のビンに全て詰めたい．目標は必要なビンの数を最小
にすることである．第 2 章で次のような例を出した．

$$0.65, 0.3, 0.25, 0.24, 0.23, 0.22, 0.1$$

このビン詰めアルゴリズムであるが，誰でも思いつく以下のような簡
単なアルゴリズムがある．それは，今詰めたいアイテムが i_j だとする
と，部分的に詰まっているビンを左から順に見ていって，i_j に十分な

第7章　1番ではなくても

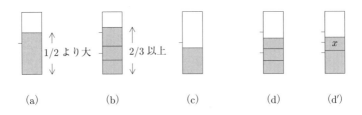

図 7.1　初適合アルゴリズムの近似度

隙間のある最初に見つけたビン（最初に適合したビン）に詰めてしまう．もしそのようなビンがなかったら，新しいビンを右端に用意してそれを使う，というアルゴリズムである．上の例であるなら，最初の 0.65 が新しいビンを使い，次の 0.3 はそのビンに余裕があるので，そこに入る．そうすると，そのビンは合計 0.95 になってしまって，それ以後の 0.25, 0.24, 0.23, 0.22 のいずれにも余裕がない．よって，それらは全て第2のビンに入り，最後の 0.1 でさらに 1 ビン必要になる．最適解は 0.6, 0.25, 0.1 を一つのビンに詰める詰め方で，2 ビンで十分である．この場合の近似度は $3/2 = 1.5$ である．

このアルゴリズム（**初適合**と呼ばれる）の近似度を計算してみよう．以前の競合比と同じように，どんな入力に対してもこれこれの値以下であるという上限を求めるのである．初適合が終了した時のビンの状況を 4 種類に分ける．図 7.1 を見ていただきたい．(a) のビンはアイテムを 1 個含んで，かつそのアイテムがビンの半分より多くを占めているビンである．(c) は同じ 1 個であるが，そのアイテムがビンの半分以下の場合である．(b) と (d) は 2 個以上のアイテムを含むビンで，(b) はアイテムの合計容量が 2/3 以上のビン，(d) は 2/3 に満たないビンである．以下の順に解析を進めていく．

(1) (c) と (d) のビンは合わせて 2 本までしかありえない．理由：3 本以上存在したとする．明らかに (c) か (d) のいずれかが 2 本以上である．(d) が 2 本以上だったとする．つまり，(d) の他に図に示す (d′) のようなビンが存在して，アルゴリズムでは (d) の右にあったとする．(d′) を見ると，容量が 2/3 未満，アイテム個数が 2 個以上なので，少

93

なくとも一つのアイテム x の大きさは 1/3 以下である．しかし，それ
はおかしい．なぜなら，x を詰めるときに，アルゴリズムは左からビン
を見ていくので，少なくとも（他のビンの可能性もあるが）(d) のビン
に余裕があるので，そこに入るはずである．(c) が 2 本以上あった場合
も矛盾が同様に示せる．よって，(c) と (d) のビンは合わせて 2 本まで
であることが証明できた．つまり，初適合アルゴリズムで使用するビ
ンの数は，(a) タイプのビンの数を p，(b) タイプのビンの数を q とする
と，全部で，

$$p + q + 2$$

以下である．明らかに，全てのビンは (a) から (d) のいずれかのタイプ
になる．

　(2) 次に最適な詰め方を見てみよう．初適合で (a) タイプとなった
ビンが p 個あったということは，そこに入ったアイテム（グループ A
のアイテムと呼ぶ）が p 個あったということであり，それらのアイテ
ムは 2 個を 1 ビンに詰めることはできないから，最適な詰め方でも，
グループ A のアイテムを詰めるのに p ビン必要である．初適合で (b)
タイプのビンが q 個あったということは，グループ A 以外のアイテム
の総容量（詰める詰めないは考えない単なる容量の和）は少なくとも
$(2/3)q$ である．これらのアイテムはグループ A を詰めたビン（の隙間）
にも詰めることができるが，その総量は最大でも $(1/2)p$ である．つま
り，タイプ A の p ビン以外に残った総容量 $(2/3)q - (1/2)p$ 分のビンが
必要で，全く隙間なく詰めたとしても，それだけのビンが必要である．
つまり，最適な詰め方でも少なくとも，

$$p + (2/3)q - (1/2)p$$

ビン必要である．ただし，$(2/3)q - (1/2)p$ が負になった時は 0 にする．
つまり，タイプ A の p ビンの隙間に残りが全て入ってしまうので，最
適な詰め方では p ビンになるが，それより少なくはなりえない．

　(3) よって，近似度は初適合のビン数と，最適なビン数の比である

から，

$$\frac{p+q+2}{p} \quad \text{if } q < \frac{3}{4}p$$

$$\frac{p+q+2}{p+(2/3)q-(1/2)p} = \frac{p+q+2}{(1/2)p+(2/3)q} \quad \text{if } q \geq \frac{3}{4}p$$

になる．大きな p の値を固定して q を大きくしていくと，最初のうちは上側の式で値が増えるが，下側の式になると分母の q の係数が $2/3$ なので，1.5 に向かって減少に転じる．つまり，最大値は $q = (3/4)p$ の時で，ビン数が多い時を考えて分子の $+2$ を無視すると最大値は $7/4$ = 1.75 になる．つまり近似度は最大でもこの値を超えない（必要なビンの数が少ない場合は，最初の例で見たとおり，この値より悪くなることもある）．

1.75 という近似度が良いのかどうかは意見の分かれるところかも知れない．二点重要なことがある．この解析は結構正確である．というのは，以下のような入力を考えてみてほしい．

$$1/7 + \epsilon, 1/7 + \epsilon, \dots, 1/3 + \epsilon, 1/3 + \epsilon, \dots, 1/2 + \epsilon, \dots, 1/2 + \epsilon,$$

アイテムの個数は三つのグループ全て $6m$ 個ずつとする．ここで ϵ は小さな正数である．もし ϵ がないと，初適合は完璧である．最初のグループが 7 個ずつ，次のグループは 3 個ずつ，最後のグループは 2 個ずつというように隙間なしで詰まる．しかし ϵ があるのでそうはいかない．つまり，初適合で左から詰めていくと，最初のグループは 1 ビンに 6 個までしか入らないので，最初のグループで m ビン必要である．2 番目のグループのアイテムは，最初のグループの隙間は小さすぎて入らない．よって，新しいビンに 2 個ずつ（もはや 3 個は入らない）入るので $3m$ ビン消費する．同様に第 3 のグループも $6m$ ビン使う．しめて $10m$ ビンである．一方，$1/7 + 1/3 + 1/2 = 41/42$ で 1 より小さいので，十分に小さな ϵ なら 1 ビンに各グループから 1 個ずつ入る．つまり，全部で $6m$ ビンで十分である．つまり，この例に対しては，初適合は最適よりも $10/6 \approx 1.67$ 倍のコストがかかっており，初適合の近似度

の上限はこの 1.67 より良くはできないことが分かる. このように上の 1.75 以下という解析はそれほど悪くはない. (注意深い人は気づいていると思うが, 同じ入力, 同じアルゴリズムでも, 逆の順番つまり大きなアイテムから詰めていくと最適解が得られる.)

もう一点重要な点は, このアルゴリズムがオンラインアルゴリズムになっていることである. つまり, 入力のアイテムは 1 個ずつ次々に来て, アイテムが来ればその場で詰め込むし, 後で変更はできないというルールでも大丈夫であることが分かる. これは実際に品物を箱に詰めていくという状況では大変良い性質である. いったん詰めたものを取り出そうとしても, 後から詰めたものをどかさないと取り出せない等の面倒があるので, オンラインでできればそれに越したことはない. オンラインでなければ近似度の格段に良いアルゴリズムが存在するのではないかと思われるかもしれないが, 今の場合は正しくない. 多くの研究があるが, オンラインでなくても, 実現できる近似度はせいぜい 1.5 と 1.6 の間くらいなのである.

ここまでの近似度は決して悪くない. 分割問題の場合は桁落とし法によって限りなく 1 に近く, ビン詰め問題ではオンラインでも 1.75 が実現できた. どんな問題でもこの程度の比較的良い近似度を期待してよいのであろうか. もしそうなら近似アルゴリズムの可用性はかなり高いと言っていいであろう. 残念ながらそんなうまい話ではない. 次の問題は**集合被覆問題**と呼ばれる問題である. 入力として与えられるのは, 全体集合,

$$U = \{u_1, u_2, \ldots, u_n\}$$

といくつかの U の部分集合,

$$S_1, S_2, \ldots, S_k, \quad \text{ただし } S_i \subseteq U \text{ かつ } S_1 \cup \cdots \cup S_k = U$$

である. 問題は, $S_1, S_2, \ldots, S_k$ の中からいくつか選んでその和集合が全体集合 U になるものを求めることである. もちろん, 目標は選ぶ S_i

の数を最小にすることである．例を見てみよう．

$$U = \{1, 2, 3, 4, 5, 6\}$$

$$S_1 = \{1, 2, 3\}, S_2 = \{3, 4, 5\}, S_3 = \{1, 4, 5, 6\}, S_4 = \{2, 3, 6\}$$

であるなら，S_1 と S_3 で U の全ての要素を**カバー**できる，つまり S_1 と S_3 で U を被覆できるのである．1 個では無理なので最適である．例えば，U が 1 台の自動車の部品の集合，S_i が部品メーカーのように考えることができる．まぁ，あまり多くの部品メーカーとは関わりたくないので，上のような最適化は理にかなっている．

さて，アルゴリズムであるが，厳密に解こうと思えば総当り的手法，つまり k 個の S_i に対して，2^k の全ての部分集合を試して，最も良い解を選ぶという方法しかなさそうである．これは大変すぎるので，近似アルゴリズムでやってみようとなれば，一番に思いつくのが次のようないわゆる**貪欲アルゴリズム**である．

(1) 最初は最も多くの U の要素をカバーする S_i，つまり要素数最大の S_i を選ぶ．S_i の要素を U と他の S_i から消す．

(2) 次のステップもやはり要素数最大の S_i' を選ぶ．S_i' の要素を U と残りの S_i から消す．

(3) これを U が空集合になるまで繰り返す．

上の例なら，最初は S_3 が選ばれ，他の S_i は次のように変化する．

$$S_1 = \{2, 3\}, \ \ S_2 = \{3\}, \ \ S_4 = \{2, 3\}$$

次のステップでは，S_1 または S_4 が選ばれて終わりである．これで最適解が得られた．このように各ステップでの選択に際し，後のことは考えずにその時点で最良の（最も多くの要素をカバーする）選択を行うアルゴリズムを一般に貪欲アルゴリズムと呼ぶ．オンラインの k サーバー問題を思い出してほしい．要求に最も近いサーバーを動かすアルゴリズムも典型的な貪欲アルゴリズムであるが，性能は良くなかった．

以下では，集合被覆問題に対する上のような貪欲アルゴリズムの近似度を解析する．少し分かりにくいかもしれないので注意深く読んで

ほしい．例では二つの S_i でカバーできたので，2 円払ったと考えよう．つまり一つの S_i を選ぶたびに 1 円を払うのである．できるだけ安いお金で全部の U をカバーしたい．最初に選ぶのは S_3 で 4 個の要素がカバーできた．これはつまり 1 円で 4 個の部品が買えたと考える．つまり，ここで買えた部品（1,4,5,6）は 1 個当り，1/4 円で買えたことになる．次に，S_1 を選んだが，これは 2 個の部品（2,3）をカバーした（買えた）ので，それらは 1 個 1/2 円である．こうして，アルゴリズムを実行すると，全ての部品に 1 以下の値段が付くことになり，その値段の合計が選んだ S_i の数，つまりアルゴリズムのコストである．今の場合に，4 個に 1/4 円，2 個に 1/2 円の値段が付いて，値段の総和が確かに 2 円になることを確認されたい．

図 7.2 の（1）を見てほしい．今 U（最初の集合からは変化していてよい）が 16 個の要素を持っていて，5 個の S_i，ここでは仮に S_1, S_7，S_4, S_2, S_8 でカバーできたとしよう．ところが，この U に貪欲アルゴリズムを適用したところ，S_3 を使って，6 個をカバーした．つまり，それらの要素に 1/6 の値段を付けた．この時，この 1/6 という値段は，上の 5 個でカバーできるという仮定から，5/16 以下であることが保証される．理由は図を見れば明らかであろう．16 個を 5 集合でカバーできるということは，それらの集合が含んでいる要素数の平均は少なくとも 16/5 以上である．貪欲アルゴリズムは要素数最大の集合（今の場合は S_3）を使うので，その要素数も当然 16/5 以上である．ということは値段は $\frac{1}{16/5} = 5/16$ 以下である．この性質は，一般的には次のように言える．U が a 個の S_i でカバーできることが分かっている（具体的にどの a 個かは分からなくてよい）．このとき，貪欲アルゴリズムが選んだ S_i がカバーする要素に付ける値段は $a/|U|$ 以下である（$|U|$ は U の要素数を表す）．

図 7.2 の（2）を見てほしい．今，貪欲アルゴリズムが進んで，l 個が既にカバーできたとする．残った $n - l$ 個の要素を持つ U' に対して，貪欲アルゴリズムが次に要素 x に対して付けた値段は $C/(n - l)$ 以下のはずである．ここで C は最適アルゴリズムのコストである．理由は U'

第7章 1番ではなくても

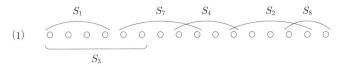

図 7.2 貪欲アルゴリズムの近似度

が C 個以下の集合でカバーできるからである（最適アルゴリズムの仮定から U 全体が C 個でカバーできるのであるからそれより少ない $n-l$ 個を C 個でカバーできるのは当たり前である）．よって直前の段落の結果から，x の値段が $C/(n-l)$ 以下であることが分かった．このことを左端の要素から適用すると，最初の要素の値段は $l=0$ であるから C/n 以下である．次の要素の値段は $C/(n-1)$ 以下である（最初の要素と同時にカバーされて同じ値段かもしれないが，$C/(n-1)$ 以下であることは正しい）．この議論を続けていくと，全ての要素の値段の和（必要な S_i の数）は，

$$\frac{C}{n} + \frac{C}{n-1} + \cdots + \frac{C}{1}$$
$$= C(\frac{1}{n} + \frac{1}{n-1} + \cdots + 1) = C(1 + \ln n)$$

となって，最適なアルゴリズムの場合よりもおよそ $\ln n$ 倍大きくなってしまう（$\ln$ は自然対数）．これは今までのように，2倍とかいう定数倍ではなくて，比が n に依存してしまう．つまり，近似度が無限に悪くなってしまうのである．もちろんこの値は上限（つまり最大で）ということではあるが，以下の例を見ると結構それに近くなってしまう入力例が存在することが分かる．なお，上の式の変形の最後の部分は，n が大きな値の場合に成立する有名な公式である．直観的には，n の値が2倍になった時に，級数の和が $1/2$ 以上 1 以下のある定数だけ増加することから分かっていただけると思う．

貪欲アルゴリズムが苦手なのは以下のような例である.

$$U = \{a_{15}, a_{14}, \ldots, a_1, b_{15}, b_{14}, \ldots, b_1\}$$

$$S_1 = \{a_{15}, a_{14}, \ldots\ldots, a_1\},\ S_2 = \{b_{15}, b_{14}, \ldots\ldots, b_1\},$$

$$S_3 = \{a_{15}, \ldots, a_8, b_{15}, \ldots, b_8\},\ S_4 = \{a_7, \ldots, a_4, b_7, \ldots, b_4\}$$

$$S_5 = \{a_3, a_2, b_3, b_2\},\ S_6 = \{a_1, b_1\}$$

注意してほしいのは，各 S_i の大きさで，S_1 と S_2 は 15，S_3 から S_6 までは大きさが 16，8，4，2 のように指数的に減少していく．貪欲アルゴリズムは，最初に最大の S_3 をとる．すると，添字 8 以上の要素が全て消されてしまって，S_1 と S_2 は大きさが 7 になってしまう．すると，何も消されなかった S_4 が次に最大になって，というように進んで，結局 S_3, S_4, S_5, S_6 が答えになる．容易に分かるように，最適解は S_1 と S_2 をとることである．これを一般化する．つまり，15 を $2^m - 1$ に置き換えるのである．すると，貪欲アルゴリズムは m 個，最適は 2 個である．U の大きさ n は $n = 2(2^m - 1)$ であるから，$m \approx \log n$，つまり最適解のおよそ，$(\log n)/2$ 倍のコストになってしまうのである．ln が自然対数，log は底が 2 の対数なので，上の上限とは少し離れた値ではあるが，実は上の入力例は改良できる（つまり，もっと近似度を悪くできる）．考えてみられるのもよいかと思う．

　貪欲アルゴリズムの性能はオンラインの k サーバー問題の場合も悪かった．何か本質的に良いアルゴリズムが存在するに違いないと思われるかもしれないが，集合被覆に関しては，この貪欲アルゴリズムによる近似度はおおむね最良であるという有名な結果がある．このように，今まで見た三つの問題の近似度は，ほぼ 1.0，1.75，ほぼ $\log n$ のように悪くなってきた．

さらに悪い近似度さえ存在する．

最初に述べた巡回セールスマン問題（TSP）が近似アルゴリズムにとって強敵なのである．話は少し込み入っていて，TSP も普通の地図での距離の下では比較的

第 7 章　1 番ではなくても

良い近似アルゴリズムが存在する．この「普通の距離」とは三角不等式
が成立するような距離のことである．つまり，ある 3 点，A, B, C があ
って，A から B に行けて，B から C に行けるなら，A から C に B を
通らないで直接行けて，その直接の距離は B を経由するより決して長
くはならないという性質が全ての 3 点に対して成立しているような地
図のことである．では，そうではない地図とはどんな地図かというこ
とになるが，数学の世界では**グラフ**と呼ばれるものがそれにあたる．鉄
道の路線図のようなものである．図 7.3 を見ていただきたい．グラフ
とは，**頂点**と**枝**からなっていて，この例の場合は，頂点は a, b, c, d, e, f
の 6 頂点，枝は，

$$(a, b), (a, c), (b, c), (b, f), (c, d), (c, e), (d, e), (d, f), (e, f)$$

の 9 本である．グラフは別に図のように描く必要はなく，このグラフ
の場合であれば，上のように頂点集合と枝の集合を与えれば決まる．こ
こで，枝がある頂点間の距離は図に書いてあるとおりとする（例えば
ab 間の距離は 3）．なお，枝がなければ直接は行けない，つまり距離は
無限大とする．これが三角不等式の成り立たない地図なのである（同
じ都市を 2 回以上通ってはいけないという制限からこの「直接行けな
い」という性質が重要になる）．例えば a から b, b から c の距離がそれ
ぞれ 3 と 5 なのに対して，a から c へは距離 10 で 3 と 5 の和より大き
い．また b から f, f から e へ行けるのに，b から e に直接行くことが
できない．

このような地図であっても，TSP はもちろん定義できる．つまり，
全ての頂点をちょうど 1 回だけ通って元に戻る閉路の中で総距離が最
小のものである．今の例の場合で言えば，b, a, c, d, e, f, b と回るのが一
つの候補で，もう一つ b, a, c, e, d, f, b がある．前者のほうが総距離が短
いのでベストな経路になっている．関東の JR で，隣りの駅に行くのに
（同じ駅を 2 度通らない）最長の経路などという懸賞問題があったよう
に記憶しているが，正にそれである．こんな地図で決まる距離である
と，近似アルゴリズムがないのである．例えば，n を（十分大きな）頂

101

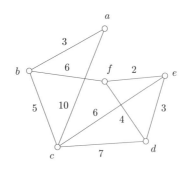

図 **7.3** グラフに対する TSP

点数とすると，近似度 n の（前の $\ln n$ よりさらに悪い）近似アルゴリズムすらないのである．その理由を以下に与える（ややこしかったら読み飛ばしてほしい）．

　総距離に関係なく，全ての頂点をちょうど1回通って元に戻る閉路が存在するかどうかという問題を**ハミルトン閉路問題**と呼び，これも有名な問題である．例えば図のグラフでは，上に挙げたようにハミルトン閉路が（2種類）存在するが，枝 (d, e) を取り除いてしまうと，もはやそのような閉路は存在しない（確かめてほしい）．この問題も計算機で解くのは困難な問題（NP完全問題）の代表例になっていて，近似アルゴリズムのような計算時間の短いアルゴリズム（近似アルゴリズムと言ったときは，多項式時間アルゴリズムであることが前提となっていることを思い出してほしい）では解けないことが分かっている．しかし，もしTSPに対して近似アルゴリズムが存在するなら，この問題がその近似アルゴリズムの計算時間で解けてしまうのである．そのやり方は簡単である．今，図のグラフにハミルトン閉路があるかどうかを知りたい．そうしたら，枝のない頂点間に枝を追加して，その距離を $10n^2$ にする．ここで10は元々のグラフの枝の最大の長さであり，n は頂点数である．そして近似アルゴリズムにかける．もし元のグラフにハミルトン閉路があるなら，その総距離は $10n$（つまり，元のグラフで存在する最長の枝の長さ掛ける頂点数）以下のはずである．近似度が n なので，$10n \times n = 10n^2$ 以下の総距離の閉路を見つけるはずである．しか

し，元のグラフにハミルトン閉路がないなら，新しいグラフの TSP の閉路では付け加えられた長さ $10n^2$ の枝を最低 1 本使う必要がある．ならば，その総距離は $10n^2$ よりは絶対に長い．つまり，近似アルゴリズムの答えによって，元のグラフにハミルトン閉路があるかどうかが分かってしまった．

　1番，2番という話で思い出したが，14 年と 15 年に米国のある雑誌社の評価で京都が世界の人気都市ランキングで 1 位になったらしい．実際，街を歩いていて外国人観光客の数は最近半端ではない．私は中心部や繁華街にはあまり行かないが，京都に住むと観光客との共存のことは意識しないといけないと思う．お店やレストランでも，観光客御用達の店がやたら多い．もちろんそれが問題だと言っているのではなく，むしろ賢く利用したい．面白いことに，そういうお店では，食べ物であろうと品物であろうと，一品の値段が見事に 1000 円から 1500 円程度になっている．つまり，先に商品があるのではなく，先に値段があって，それに商品を合わせるのではないかと思う．したがって，そういう価格帯のものでよい時は単純にお客さんの多いところへ行けばほとんど間違いがない．そうでない場合が少し難しいのであるが $\cdots$．

第8章
千年に一回も起こらない

　地震は関東ではめずらしくない．埼玉で育った子供のころの感覚では，まぁ月に一度くらいは色々なレベルの地震に遭遇してきた．ただ，幸運なことに，巨大地震は（もちろん，偶然ではあるが）避けることができた．70年代に京都に来て，あまり地震がないところだと思っていたが，神戸で起こった．しかし，この時はちょうど福岡にいた時期だったので難を免れた．京都はそこまでではなかったらしいが，後で近所の人に聞くとかなり怖い思いをしたらしい．実は京都に帰ってきた後で，福岡でも有史以来という大きな地震があった．福岡時代の知り合いに話を聞くと，地震が全くと言っていいくらいないところなので，本当にパニック状態だったらしい．私が住んでいた市の西部は特に揺れたらしいが，これも回避できた．そして東北の震災である．埼玉の実家は母親が住んでいたが，後で話を聞くと，正に生きた心地がしないという状態だったらしい．もちろん，原発のこともあったので，おふくろをいつでも京都に引き取る覚悟をしていたが，幸いその必要はなかった．この時は京都も少し揺れて，ちょうどある集会があって，仙台からも仲間がかなり来ていた．もちろん，彼ら彼女らは京都に足止めで，10日くらい帰れなかった．私も研究室を開放したり，できることはしたつもりであるが，しょせん傍観者という立場で，あまりお役に立てなかったのだと思う．このように，全部もろに経験しても不思議でない三つの大地震を全て回避できたのである．ツキがあったとしか言いようがない．

105

埼玉から京都に来て，京都は地震が少ないと感じたが，地質的にはそうでもないらしい．歴史上いくつかの大地震に見舞われていて（記録が他の土地よりもしっかりしているということもある），例えば1596年の慶長伏見地震である．秀吉の伏見城の天守が崩落して多くの人が亡くなった．秀吉自身も九死に一生という状況だったらしい．地震と言えば忘れてならないのが花折断層である．京大のキャンパスを舐めるように走っていて，今の私のオフィスからはほんの100メートルくらいしか離れていない．その辺りは特に数メートルから10メートルにも及ぶ絵に描いたような断層地形が露出しているが，ほとんど毎日眺めているので特に感動もない．幸い，京大のほとんどの建物はここ10年ほどで耐震改修が終わっているので，伏見城天守のようなことはないはずである．

　花折断層は怖いが，「花折」という名前はむしろ優雅である．京都の魅力の一つがその地名である．私が京都に来てすぐのころだったが，嵐山に遊びに行って何気なく歩いていた時に気づいたのが「物集女街道」の標識である．当時はネットもなかったので，すぐに調べるということはできなかったが，少し後で友達と話していてそのことが出ると，その友人は大変よく知っていて，この街道の歴史的重要性を教えてくれた．私は，単にその名称に感動しただけであったのだが‥‥．大学の近辺だけでも，気になる地名がいくらでもある．前にも出てきた百万遍交差点は大学の入り口みたいなものだし，キャンパスの東隣りの吉田山の反対側は神楽岡である．確定申告のことで偶然知ったのであるが，左京税務署の場所は聖護院円頓美町である．私の教室の先輩の高校は鴨沂高校で結構な難読名である．私はそのことを知っていたので，ある機会に「先生の鴨沂高校は門構えが立派ですね」とお世辞を言うと，ニヤッとされて戦前までは我が国でも有数の高等女学校であったことなどを嬉しそうに説明してくれた．中心部はどんな細い通りでも名前が付いている．私が京都に来たころは，その通りの名称を利用した，「三条通東洞院西入ル」とか「寺町通塩小路上ル」と言った住所表示が多く見られた．諸外国での住所表示は通りの名称と番号にほぼ統一されている．それに比べ

て我が国の，ある平面的な区画に対して名前を付け，中で結構，出鱈目
に番号を振る方式は非常に分かりにくい．

　この章のタイトルは「千年に一回も起こらない」である．活断層が動
いて地震が起こるのは本当にまれで，花折断層の場合も前回の地震は記
録にないそうである．何千年かに一回ということなら，まぁ大丈夫と思
ってよいであろう．同様に，乗り物の事故などもほとんどまれで，心配
には及ばない．確率とはそういうもので，あることが起こる確率は非常
に低いと言われれば，本当に起こった時は困ることであっても気にしな
いものである．逆に明日は30%の確率で雨と言われれば，これはかな
りありえると思うのが普通であろう．実際そんな日が何回かあれば，決
まって雨の日がある．確率は嘘をつかないのである．

　少し脱線するが，京大はおよそ2万人の人口を抱えている．全員が
毎日来るわけではないとしても，まあ7割方は出校するであろう．そ
のまた7割が昼食を食堂でとり，学食を利用する人は半分程度である．
簡単な計算で5000人ほどが周辺のレストランに繰り出すのである．私
の学生のころから続いている食堂があって，メニューのほとんどがい
わゆる揚げ物ではあるが，低価格で味もボリュームもそこそこなので
人気が高い．周りの人と話をすると，ほとんどの人がこの食堂を知って
いて，結構行く人もいる．仮に5%の人が週に1回行くとすると，そ
れだけで毎日50食ほどを確保できるのである．この値はびっくりする
ほど変動が少ない．つまり確率による平均値というのは大いに信頼で
きるのである．もちろん，大学関係者以外も行くし，夕食もあるので商
売的には全く安泰である．しかし，多くのレストランは安泰からはほど
遠い．私の感覚では，大学周辺で新規開店するレストランで2年持つ
のは2割という感じである．多くのレストランが，開店してもガラガ
ラで結局持たない．上の計算の5%を0.5%に置き換えてみれば明らか
で，商売が成り立つわけがない．

　確率はアルゴリズムの世界でも極めて重要である．確率が嘘をつ
かないことを大いに利用するのである．以下では乱数を利用するアル

ゴリズムのことを**確率アルゴリズム**と呼ぶことにする．アルゴリズム
の動作が乱数の出方に依存するので 100% 思ったとおりにはいかない．
しかし絶対がないのはどこの世界でも同じである．それでも我々は自動
車を使うし，飛行機にも乗る．簡単な構造で瞬時に答えが出るが成功確
率は 99.999% の確率アルゴリズムと，100% 正確だが計算時間に関し
て 1 週間以内という保証しかないアルゴリズムのどちらを選択するで
あろうか．私なら絶対前者である．間違いは千年に一回も起こらないと
考えるのである．確率はより積極的に使いたい場面もある．例えば，あ
るデータの中から欲しい情報（例えば，ほとんど 0 ばかりの電話番号）
を探したいとする．1 万ページもある巨大電話帳であるが，少なくとも
100 ページくらいはその欲しい情報を含んでいることが分かっていると
しよう．そこで，そのうちの一つをどのようにして探索するかというア
ルゴリズムを考えるのであるが，前からなら，欲しいページが後ろに偏
っていたときに困るし，逆なら逆のとき困るし，偶数ページから先なら
…とどうやっても嫌らしい場合が気になってしまう．私なら単にラン
ダムにページを選んで探していく．毎回成功確率が 1% ほどあるので，
100 回も繰り返せば結構な確率で欲しいページが見つかることになる．
アルゴリズムを考える時間よりもずっと早い．

　結局，重要なのは今回も同じで，設計したアルゴリズムに対する性能
保証である．そのために必要となる確率に関する重要な概念はいくつも
あるが，とにかく重要なのが**平均**と**標準偏差**である．例えば，コインを
フリップすれば表が出る確率は 1/2 である．それなら 10 回フリップす
れば平均的には 5 回くらい表が出る．平均で 5 回とは言ってもいつも
5 回出るわけではない．しかし，大体 5 回，例えば 3 回以上 7 回以下で
あれば良いのなら，かなりの確率で成功する．もう少し詳しく説明する
と，確率 1/2 で表が出るなら，そのコインを n 回投げたときに，表の
出る平均の回数は $n/2$ である．これは多くの人がご存知と思うが，以
外と知られていないのが，その平均からのずれである．例えば手元の
コインを 30 回投げてみてほしい．15 回ちょうど表が出ることはほとん
どない．では，平均の前後，ある範囲内ならどうであろうか．これは

108

偏差と呼ばれていて，よく知られているのが標準偏差である．これは $\sqrt{n}/2$ で定義される．つまり，上の $n = 30$ の場合であれば，約 2.24 である．平均からプラスマイナス標準偏差内に収まる確率は，約 68% であることが分かっている．つまり，平均が 15 回なら，12 回と 18 回の範囲内に収まる確率は 7 割以上ありそうである．標準偏差は平方根なので，n との比率的には，n が大きくなるとどんどん小さくなる．例えば，100 回フリップした時は，標準偏差は 5 で 5% であるが，10000 回なら，標準偏差は 50 で 0.5% である．今は，表が出る確率を $1/2$ としているが，偏っている場合もあるであろう．例えばサイコロを振って 1 が出る確率は $1/6$ である．その場合は，その何かが起こる確率を p とすると，平均値は np で標準偏差は $\sqrt{np(1-p)}$ である．サイコロの場合で言えば，100 回振ったときの 1 が出る回数の平均は約 17 回，標準偏差は約 3.7 である．ちなみにプラスマイナスで標準偏差の 2 倍以内に収まる確率は約 95.4%，3 倍以内なら 99.7% となって，かなり大きくなる．

　以上の事実は全て以下の原理に基づいている．コインを 10 回フリップしたとする．表を 1，裏を 0 とすると，表裏の出方は 2 進 10 桁の数（00$\cdots$0 から 11$\cdots$1 までの 2^{10} 通りの 2 進数の一つ）になる．例えば 0110110000 は 2，3，5，6 回目に表が出たことに対応する．表も裏も等確率（1/2）で現れるので，全ての 10 桁の数も等確率（$(\frac{1}{2})^{10}$）で現れる．よって，例えば 1 が 4 回出る確率は，1 を 4 個含む 2 進数の数を 2^{10} で割った値であり，電卓があれば簡単に計算できる．4 個の 1 を 10 個の場所から選ぶ選び方の総数であるから $\binom{10}{4} = 210$（第 4 章で出てきているのであるが，復習しておこう．1 から 10 の数字から 4 個選ぶ選び方の数である．最初に選ぶ数字は 10 通り，次が 9 通り，となって，全部で $10 \cdot 9 \cdot 8 \cdot 7$ 通りであるが，四つの数字の順序はどうでもよいので，$4! = 4 \cdot 3 \cdot 2 \cdot 1$ で割ってやる）．後者 210 を前者 2^{10} で割れば確率 0.205 である．同じことを少し大きな $n = 100$ に対して行うと，1 が k 回出る確率は，$k = 34$ くらいまではほぼ 0，$k = 40$ から $k = 50$ まで，0.01，0.016，0.023，0.03，0.039，0.048，0.058，0.067，0.073，0.078，

109

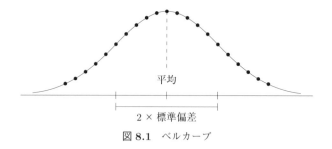

図 8.1 ベルカーブ

0.08 と上がっていって，$k = 51$ からは対照的に減少していく．これを図に書けば，図 8.1 のようになる．その形が鐘楼に似ていることから**ベルカーブ**と呼ばれている．この形の分布は世の中によく現れると言われている．

少し脱線して，受験でおなじみの**偏差値**のことを説明しておく（新入生に聞いてみたところ，ほとんどの学生がその真の意味を知らなかった．数値だけ一人歩きする良い例である）．多くの受験生が模試を受けて，その点数の分布を書いてみるとこのベルカーブに似てくると言われている（つまり平均点の受験生が最も多くて，平均点から離れるに従ってその点数の受験生が徐々に減っていく）．本当にそうかどうかは置いておいて，以下の作業を行う．まずある模試の全受験者の平均点を出す．その平均点が 50 点になるように各受験者の点数を調整する．例えば模試の平均が 250 点であったなら，単純に 5 で割るのである．次に標準偏差が 10 になるように，さらに点数を調整する．つまり 68％（上の標準偏差のことを思い出してほしい）の受験生が 40 点以上 60 点以下になるようにする．これも簡単で，下から $(100 - 68)/2 = 16\%$ ラインの受験生の点数が仮に 35 点であるなら，この子を 40 点にするために，50 点以下の子の実際の点数 x に少し下駄をはかせて，$x + (50 - x)/3$ 点にすればよい．例えば 45 点の子は 46.67 くらいになる（もう少し正確に調整しているのかもしれないが，これで大きな問題はないはずである）．上から 16％ラインの子の点数を調べて，それが 60 点になるように同様に調整する．こうして，調整された点数が 40 から 60 までの子の偏差値である．同様にして，30 から 40，60 から 70 の子の点

第 8 章 千年に一回も起こらない

数も調整して（つまり，偏差値の2倍離れた30と70の子の順位が下と上から2.3%くらいになるように）その範囲の点数の子の偏差値が決まる．結論としては，偏差値が60なら上からおよそ16%くらいのところにいる．偏差値が70なら（標準偏差の2倍なので）上から2〜3%のところ，ということでかなり優秀である．これ以上（や30以下）も同様の調整は可能であるが，数値的には意味がないと言われている．また大学や高校の偏差値に関しては，ある模試で（複数の模試の平均でもよいが），偏差値 x の受験生が半分くらい合格している大学の偏差値が x と決めるらしい．このように偏差値は全て相対的かつ集団依存であるから，主催する予備校によって具体的数値が異なってくるのは当然である．

　本題に戻って，乱数を利用するアルゴリズムの話である．繰り返すが，確率アルゴリズムはその構造自体は単純な場合が多い．重要なのは性能を正確に見積もることである．本当は95%の正解確率しかないのに，99.999%であると間違った解析をしてしまったら大変なことになる．ということで，以下でいくつかの例題を見ていくのであるが，再び約束に違反して式が出てきてしまう．お許しいただきたい．

簡単なパズルが最初の例題である．図8.2のように5頂点

10枝のグラフが与えられた．このグラフは前章のグラフとは違って，全ての頂点間に枝があるが，このようなグラフを完全グラフと呼ぶ．問題は，10本の枝を赤と青の色で塗って，同じ色の三角形ができないようにしなさい，というものである．できなかったら勝ちである．図の(2)のように ac と ad の枝を赤（実践）で塗り，bc と be を青（破線）で何気なく塗ったとすると，ここからは強制的に決まってくる．まず cd は青（赤にすると acd という赤の三角ができてしまう），ce は赤にしないといけない．すると，ae が青に決まって，ab が赤であるが，そうなると困ってしまう．つまり bd を赤で塗っても青で塗っても同色の三角形ができてしまうのである．つまり負けである．正解は(4)で，これなら赤の三角も青の三角もない．実は，正解は本質的にこの塗り

111

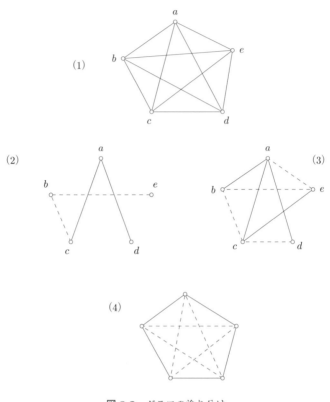

図 8.2　グラフの塗り分け

方，あるハミルトン閉路を青で塗ってそれ以外（やはりハミルトン閉路になる）を赤で塗る，しかない．つまり，正解の数はあまり多いとは言えず，結構難しい．この問題を一般化すると，n 頂点の完全グラフと整数 k が与えられて，全ての枝が同色の k 頂点の完全グラフが現れないように，グラフ全体の枝を青と赤で塗りなさいという問題になる．上では $n = 5, k = 3$ の場合を考えた．実はこの問題は有名な数学パズルで，$n = 6, k = 3$ ではもはや塗り分けは不可能である．このようにある k に対して塗り分けが可能な最大の n の値が存在し，**ラムゼー数**と呼ばれている．

さて，この問題に対するアルゴリズムの設計である．上の例を見ても

第 8 章　千年に一回も起こらない

分かるように，n の値がラムゼー数に近い場合は，正解の塗り方がかな
り限定されているので難問である．しかし離れている場合は，正解が
多数あるので比較的易しい．しかし，易しいからと言って具体的に塗り
方のアルゴリズムを作れと言われると困ってしまう．こんな状況，つま
り「できそうなのに，具体的にやれ」と言われると困ってしまう類いの
問題に対して，確率アルゴリズムが威力を発揮するのである．例えば，
$n = 32$ で $k = 10$ の場合を考えてみよう．32 頂点の完全グラフに対し
て 10 頂点の同色完全グラフが出現しないように塗りたい．これは（す
ぐ後で分かるように）正解が多数あるので，出鱈目にやっても成功しそ
うな例である．では「出鱈目にやる」とは何であろうか．それは単純に
各枝を青か赤で一様ランダムに（確率 1/2 で）塗り分ければよい．そ
のときの成功確率を計算してみよう．出現すると困るのは，10 頂点の
単色の完全グラフである．色をランダムに塗っているので，10 頂点の
完全グラフの全ての枝が赤になる確率は，枝の本数が $\frac{10 \times 9}{2} = 45$ ある
ので（図の 5 頂点の完全グラフの場合は，$\frac{5 \times 4}{2} = 10$ 本であった），

$$\left(\frac{1}{2}\right)^{45} = 2^{-45}$$

である．青になる場合も困るので，この確率を 2 倍する必要がある（つ
まり肩の 45 を 44 にすればよい）．さらに，32 頂点から 10 頂点を選ぶ
選び方は，数ページ前で見たとおり，

$$\binom{32}{10} = \frac{32 \cdot 31 \cdot 31 \cdot 30 \cdot 29 \cdot 28 \cdot 27 \cdot 26 \cdot 25 \cdot 24 \cdot 23}{10 \cdot 9 \cdot 8 \cdot 7 \cdot 6 \cdot 5 \cdot 4 \cdot 3 \cdot 2 \cdot 1}$$

$$\leq 4^4 \cdot 8^3 \cdot 16^3 = 2^{28}.$$

である（32/10，31/9 等を 4 で抑えたりしてかなり荒っぽい近似をし
ている）．これらのうちで，どれか一つでも同色になるとアウトである．
いくつかの可能性があって，その中の少なくともどれか一つが起こる確
率は，各々が起こる確率を加えてやれば大抵の場合（その和が 1 より
十分に小さいときは）大丈夫である．例えば，今日も明日も雨の確率が
5% なら，少なくとも一方で実際に雨が降る確率は，正確には 1 からど

113

ちらも降らない確率を引く，つまり $1 - 0.955^2 = 0.0975$ である．しかし，両方の確率を足して0.1としても大きな違いはない．よって，今の場合は上記の二つの数の積が同色の完全グラフができてしまう確率の上界である．しかし，その積は $2^{-44+28} = 2^{-16}$ であって十分小さい．間違う確率は何万回に一回である．

類似の問題で少し面倒な例を見てみよう．今，1万人の集団があって，どの人も100人以上の人を知っていることが分かっている．このとき，できるだけ少ない人を選んで，その人たちが知っている人を全部合わせると集団の全員になるようにしたい．番号1の人が2から100まで知っていて，番号101の人は102から200まで知っていて，というように知っている人が重ならない場合は，100人ほどの人で十分である．しかし重なりが大きい場合はそううまくはいかないであろう．各人が知っている人が100人以上という条件のみで，知り合いの関係はどうなっていても大丈夫というアルゴリズムが欲しい．なお，「知っている」という関係は両方向であることに注意してほしい．例えば，全員が1から100番の人を知っているなどという場合は1番の人1人を選べば彼（または彼女）が全ての人を知っていることになる．

この問題に対してもグラフを利用すると分かりやすい．つまり，各頂点を集団の人に対応させ，2人が知り合いであるなら対応する2頂点間に枝を引くのである．各人が最低100人を知っているので，各頂点からは最低100本の枝が出る．各頂点から出る枝の数をその頂点の**次数**という．つまり，このグラフは頂点数10000，各頂点の次数が100以上のグラフである．求めたい人の集合 W は，グラフの言葉で言えば，W の頂点から出ている枝を全て見ると，W 以外の頂点の全てに最低1本は延びているような頂点の集合である．このような頂点の集合を，グラフの世界では**支配集合**と呼ぶ．ずいぶん前の例で申し訳ないが，図7.3のグラフなら，例えば $\{a, f\}$ は支配集合であるが，$\{a, c\}$ は支配集合でない（頂点 f に枝が延びていない）．容易に分かるように，我々が求めたいのは，できるだけ頂点数の少ない支配集合である．実は

114

第 8 章 千年に一回も起こらない

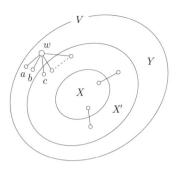

図 8.3 グラフの支配集合

有名な定理があって，そのグラフの最低の次数を d とすると，およそ $n\frac{1+\ln(d+1)}{d+1}$ のサイズの支配集合が存在する．上で言った完璧に重ならない場合は n/d であるが，どんなグラフでもその $\ln d$ 倍くらいすれば十分であるという一般的性質があるのである（ln は自然対数である）．

では，具体的にこのサイズの支配集合を求めるアルゴリズムを考えてみよう．10000 頂点，最低次数 100 の場合を上の式に入れてみると，およそ 562 頂点の支配集合（562 人の集合）が取れることになる．しかし今回は，ランダムに 562 頂点を選んだのではうまくいかないので少し工夫が必要である．つまり，闇雲に確率の力に頼るだけではなく，少しだけ通常のアルゴリズム的な工夫が要る，つまり確率の力を増幅する必要があるのである．これも非常に重要な概念である．とりあえず $p = \frac{\ln 101}{101} = 0.0457$ と設定する．図 8.3 を見てほしい．V がグラフ全体の頂点集合である．アルゴリズムでは以下のように，その部分集合 X と Y を決める．

(1) グラフの各頂点（V の各頂点）に対して確率 p で X に入れる．約 5% の頂点が X に入ることになる．

(2) X の頂点から枝のある頂点集合を X' として，X にも X' にも入っていない頂点を Y とする．つまり，Y は V から $X \cup X'$ を除いたものである．このような Y を計算するのは簡単である．

容易に分かるように，$X \cup X'$ が V 全部になってしまえば X が支配集合である．つまり，Y は X が取り残した頂点を集めたものである．

よって，$X \cup Y$ をアルゴリズムの答えとする．明らかに支配集合になっている．

そこで，問題はその大きさである．X のほうは全頂点数に確率を掛ければ平均値が求まる．Y の頂点は図の w で示された頂点のように，w 自身と w と枝で結ばれた頂点がどれも X に入らなかったということであるから，その確率は，w 自身が選ばれない確率が $1-p$，a が選ばれない確率が $1-p$，b が選ばれない確率も $1-p, \ldots$ となるので，最終的に $(1-p)^{101}$ になる．$1-p$ の値は 0.954 くらいなので，この値はかなり小さくなる．電卓で調べてもらえば分かるが，およそ 0.009 である．つまり，Y の平均は全体の 1% くらいなのである．結局，$X \cup Y$ の大きさの平均は，

$$10000 \times (p + 0.009) = 547$$

となって最初の予測以下である．この章の前半で述べたように，平均から大きくずれることはあまり起きないので，ほぼこの値が実現できると考えてよい．実は，このアルゴリズムは一つ前のアルゴリズムとは大きな違いがある．それは，答えが絶対に間違わないことである．乱数の出方は答えの大きさだけに影響する．前のアルゴリズムは答えが与えられるとひたすら信用するしかない．答えの正しさを検算しようにも，チェックすべき 10 頂点の完全グラフが 2^{30} 近くもあるのである．短時間で検算をするのは到底不可能である．

楽しいゲームを次に紹介する．この章の前半で，平均値と偏差のことを調べた．コインの表が出る回数の平均が 100 回だからと言って，正確に 100 回出ることはまれで，その前後に振れる．これが確率の揺らぎであって，これを利用するのである．この確率の揺らぎは多くの人が経験しているであろう．例えばパチンコで，基本的にはよく出る台と出ない台があるが，多分それは平均的な出玉率が違うのであろう．しかし，実際は，良く出る台であっても，ある時は出るが，それが終わるとピタッと出なくなってしまうという現象である．

第 8 章　千年に一回も起こらない

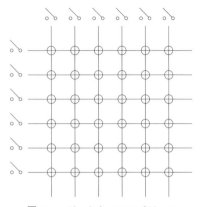

図 8.4　ボード上のランプゲーム

　考えるのは図 8.4 に示されるようなゲームである．夜店のテキ屋さんがやっている類いのものと考えてもらえばいい．大きなボードの上にランプが格子状に配置されている．例えば格子は 100×100 で全部で 10000 個のランプが設置されているとしよう．さらに各行と列にはスイッチが付いている．ゲームの初期状態は，ランプが適当に点いたり消えたりしている．問題は 200 個のスイッチを適当に操作して，点灯しているランプの数をできるだけ多くすることである．スイッチは押しボタンのようなものを想像してもらえばよく，あるスイッチを操作すると（つまりボタンを押す）その行，または列のランプの点灯状態が反転する．つまり，点いているランプは消えて，消えているランプは点く．1 回のゲーム代は 1 万円である．15 分の制限時間内にスイッチをいくらでも操作してよく，時間が来たら（点いているランプ数 − 消えているランプ数）掛ける 100 円の賞金がもらえる．さて，どんなアルゴリズムが良いか．

　上で言ったように，ゲームはランプが適当に点滅した状態で与えられる．この最初のランプの点滅状態がバランスしていなければ，例えば，点いているランプの数が消えているランプの数より 200 くらい多ければ何もせずに 2 万円の賞金がもらえる．逆の場合も簡単で，行か列のスイッチを全部操作すれば全てのランプの状態を反転することができ

る．よって，初期状態は当然バランスしている，点いているランプと消えているランプの数がどの行，どの列，さらには全体でもバランス（例えばプラスマイナス2以内）しているであろう．その場合，あるスイッチを操作してもそのバランス状態は変化しない．さあ，どうしたらよいであろうか．

確実に勝利できるアルゴリズムがある．

（1）各列のスイッチを左から順番に操作するかしないかを確率1/2で決めて，そのとおりに実行する．

そこで，ある行，例えば一番上の行を見てみよう．各列のスイッチは確率1/2で操作されたので，その行の各ランプは確率1/2で点灯している．ということは，この章の前半で見たとおり，点灯しているランプの平均値は50個である（このことはランプが最初に点いていたか消えていたかには関係しないことを理解してほしい）．しかし，きっちり50個になることはほぼなくて，前後に揺れる．その揺れの分布も分かっていて平均的には前後に4個くらいになる（標準偏差が5だったので，それより少し小さいくらいの揺れ幅になる）．ということは，点灯しているランプの数は平均的には，半分より少ない場合は46個くらい，多い場合は54個くらいになるということである．これは素晴らしい．つまり，点いているランプと消えているランプの差は平均して8個になるのである．これは全ての行に対して成り立つ（Webのページでランダムに0と1を100個発生させる実験をしてみると，0が少ない場合も多い場合も，50からは平均して確かに3.5くらい違っていた）．

（2）各行に対して，もし消えているランプのほうが多ければスイッチを操作して反転する．こうして，全ての行で平均して8個ほど点いているランプが多いという状況が作れた．

つまり，全体では点いているランプの数は点いていないランプの数より800個ほど多い．賞金は8万円である．大もうけである‥‥．

注意深い人は次のように反論されるかもしれない．（1）のランプの操作は全部の行に対して同じなので，ランプの点灯状態は各行で関連している．極端な話，全てのランプが最初に消えていれば，（1）の後

のランプの点灯状態は全ての行で等しくなる。それでも大丈夫なのである。これは正確に言うと，期待値の線形性という性質が絡んでくるのであるが，直観的には，全体の平均は各行の平均の和をとってもよいという性質があり，この性質は各行での確率が独立かどうかに依存しないので大丈夫なのである。

迷路でこの章を締めくくる。図 8.5 に迷路の例を与える。結構複雑に見えるかもしれないが，これをグラフに直すと図 8.6 のようになって，意外と簡単である。グラフに直すときは，分かれ道と行き止まりのところに頂点を配置する。つまり，グラフ上では入り口から出口までグラフの枝上を進むことになる。迷路のアルゴリズムは，「右手の法則」など色々と知られているが，この法則では永遠にループに入ってしまう場合がある。いずれにしても，迷路の趣旨を尊重するなら，とにかく歩き回る，分かれ道に来たら適当に選択するというアルゴリズムが最もそれらしい。実はこのアルゴリズムは**ランダムウォーク**と言われていて，確率アルゴリズムの分野では重要なテーマになっている。図 8.6 で見ると，左の入り口から入って，進むと 1 の頂点に来る。ここで（戻る方向も含めて）三つの行き先を確率 1/3 で選択して進む。もし下に行くと行き止まりになってしまうが，その場合はもちろん確率 1 で戻る。このようにしてまったく出鱈目に動き回って，右下の出口に到達できればラッキーというわけである。入り口から出口のほうに向かったとしても，また入り口のほうに戻ってしまうことも大いにあるので，とてもたどり着けないように見えるかもしれない。実際は，時間はかかるが確実にたどり着けるのである。

ランダムウォークの研究はかなり進んでいる。最も重要な事実はランダムウォークを続けると（出入り口は無視して単に次数 1 の頂点と見ると）やがて定常状態になる。定常状態とは，ある時刻にウォークが各頂点に滞在する確率が一定値に収束するのである。さらに重要なことは，その確率がその頂点の次数に比例する値になることである。つまり，図 8.6 のグラフであるなら，全頂点の次数の和は，次数 3 の頂点が

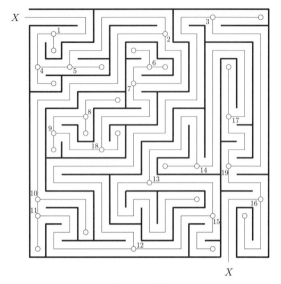

図 8.5 迷路

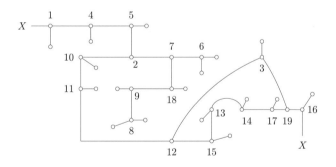

図 8.6 迷路のグラフ

19，次数 1 の頂点が入り口出口も含めて 18 あるので，全部で 75 になる．よって，ある時刻に例えば頂点 7 に滞在する確率は 3/75 である．イメージが湧かない場合は，以下のように考えればよいかもしれない．今，気まぐれな人間でなくロボットがこの迷路に挑戦すると考えよう．完璧な乱数を装備し，分かれ道に来たらランダムに行き先を決める．このロボットは図の入り口からランダムウォークを開始する．今は入り口

第8章　千年に一回も起こらない

出口は単に行き止まりとしよう．ロボットであるから長時間歩き回ることができる．最初のうちは，スタートした場所の効果が出てくるであろう（つまり入り口付近にとどまる）が，やがてその効果がなくなって定常状態になる．そうしたときに，カウンターを使って各ノードに到達した回数をカウントするのである．十分に長い時間カウントすれば，その回数は上のような確率に近くなるというわけである．

　確率 3/75 ということは，75 ステップの期間を考えると 3 回はこの頂点 7 に来ることを意味しており，平均的には $75/3 = 25$ ステップごとにこの頂点に戻ってくることを意味している．3 回戻ってくれば，7 から出ている枝のいずれにも平均 1 回は行く．つまり，今ある頂点，例えば 7，にいるとしたとき，7 からの任意に選んだ枝，例えば 7 から 18 の枝を通るまでに必要なステップ数は（他の枝に行ってしまって時間がかかるかもしれないが）平均的には 72 で十分であるということが言える．図 8.6 のグラフを見ると，左上の入り口から右下の出口まで 11 本の枝を通ればよい．ある時刻に，例えば頂点 11 から 12 への枝を通ったとする．すると，その後 72 ステップくらいを観察すれば，12 から 3 への枝を通ることが期待される．もちろん，その前に 12 から 15 への枝を通って先に出口に行ってしまうかもしれないが（それならそれで結構であるが），今は出口は単に行き止まりなので，また戻って来て 12 から 3 の枝を通るであろうと言っているのである．1 本の枝を通るのに平均的に 75 ステップでよいので，平均的には 825 ステップで十分ということになる（プラス最初の定常状態になるまでのステップ数も考えたほうがいいが，大きな違いはない）．1 分間に 10 ステップ行くのは可能だろうから，まぁ 1 時間強というところか．もっと大型の迷路でも，グラフに直してみると結構シンプルな構造をしている場合が多い．また，行き止まりはさすがに何回も繰り返さないと考えると無駄をする時間はさらに減るし，上の計算は結構最悪の場合を考えているので，実際はこの出鱈目アルゴリズムでもうまくいくことが多い．

　確率と言えば，何と言ってもギャンブルである．私はそちらのほうは一向に素人なので，何も言わないほうがよいに決まっている．ただ，上

121

の乱数の揺らぎを信じるなら，やめ時が肝心ということになる．大勝ちを狙わず，少しでも勝ったらスパッとやめる，これがこつではないかと思う．

第9章

自分のページのページランクを
上げたい

　　多くの商店が比較的小さなエリアに集中するのは極めて自然
である．単純に客にとって便利だからである．京都も，修学旅行生であ
ふれる新京極や隣りの寺町京極が有名であるが，京の台所とも言われ
る錦市場も相当なものである．ここは本来はプロの飲食業関係者の街だ
ったらしい．よく憶えているのは，結婚して間もなくの80年代である
が，おせちの材料の調達で年末によく行った．年末だけは一般人もウエ
ルカムという感じで，正に押すな押すなの大混雑であったが，商品その
ものは「高級食材」というジャンルをしっかり保っていた．例えば，京
のおせちに欠かせないと言われる棒鱈であるが，半身の棒鱈がいくつも
吊ってあるのを見ると，一つ1万は普通という感じであった（その下
に小分けして水に戻したのも売っていて，庶民は当然そっちであるが，
それでも小さな一パックが3000円という感じであった）．黒豆もあま
り大きくない袋詰めでうん千円，塩焼きにした鯛を店中に並べた店で
は，当時はまだ養殖の鯛があまり一般的でなかったせいか，やはり中程
度の大きさでうん千円であった．他にも出し巻の専門店や，蒲鉾の専門
店など強く印象に残っているが，いずれも「高級」を絵に描いたような
店であった．鮮魚店では，手のひらの半分くらいのイカの刺身が2000
円ということで，妻と顔を見合わせて「手が出えへんな」とつぶやいた
ものである．最近は観光客御用達の場所に完全に変身したという噂があ
ったが，最後に行った3年ほど前の状況は正にそうであった．串に刺

123

した焼き魚の切り身や小さなプラスチックの皿にのった出し巻を食べ歩きしている人でごった返していた．時代の変化に逆らえないのは分かっているが，一抹の寂しさを感じたのも事実である．

　買うか買わないかは別として，色々な商店の集まった場所は人によっては寺や神社よりははるかに面白い．少し北の夷川通は家具屋さんの街である．ここも結婚する前に，新居の家具の調達ということでデートも兼ねて何回か行った．結構奮発したこともあって，その時に購入した家具は40年近くたった今も全て現役である．水屋は一番酷使されて，引き出しの支えが寿命で壊れてしまったが，先日一日かけて私が自分で修理した．外からは見えない部分なので問題なく復活させることができた．他にも，それしか扱っていない専門店で購入した和テーブルとか，男用の洋服ダンスとか（中身は妻の服に侵食されているが）健在である．建具屋さんはさすがに素人には関係のない世界であるが，見ている分には場末の博物館よりはるかにマシである．他にも，何か真剣に買いたくなったら行けという場所がそこかしこにある．陶器なら五条から清水にかけてである（先日も知り合いの受章のお祝いの清水焼を仕入れた）．古道具や古書店（残念ながら神保町のような場所は京都にはない）なら，京都市役所周辺の寺町通りである．お茶なら，観光も兼ねて宇治の平等院の参道に行けばよい．東西の本願寺の周辺は仏具屋さんがあふれている．

　切りがないのでやめるが，京都には「ラーメン街道」なるものまで存在する．一乗寺の駅に近い200〜300メートルの範囲内に十数軒のラーメン屋が集まっていて，もちろん入れ替わりも激しいが，多くが繁盛している．実は，私は学生のころ，この近くのアパートに住んでいて，"元祖"と言われているラーメン屋が店を開いた時のことを知っている．何気なく入ったその店では，正直言って私が知っているラーメンとは全く別ものが出てきた．チャーシュー麺でもないのに麺が見えないくらい何枚ものチャーシューがのせてあるのに驚いてしまった．この界隈は私が学生のころは染め物工場と畳屋さんと（なぜか分からぬが）結納屋さんの街であった．今はほとんどの染め物工場はマンションに変わってし

124

まったし，畳屋さんは多くが，結納屋さんはほとんど全部が，店を閉めてしまったが，ラーメン屋さんだけは今も健在である．

街道とまではいかないが，京都では，大人気の2，3の店が隣り合っているのをよく見かける．有名なのは京都駅近くのラーメン屋で，「京都駅，ラーメン，2軒」で検索すれば，ずらっとページが出てくる．平安神宮のそばのうどん屋も有名である．2軒が隣り合っているので，どっちがどっちの行列なのかよく分からない，一つが2時間待ちでもう一つが2時間半待ちなどという，冗談としか言いようのない騒ぎである．新たにうどん屋を開店するときに，繁盛しているうどん屋の隣に開店するというアイデアは一見理解に苦しむ．そっちにお客を取られてしまうと考えるからである．しかしもう一段深く考えるなら，誠に理にかなっている．というのは新規開店の店にとって最重要課題はお客さんに店の存在を知ってもらうことである．味は自分の腕でできるが，知ってもらうことは自分の腕ではできない．隣の店に多くの人が来てくれるなら，それらの人は少なくとも新しい店に気づいてくれるはずであり，たまには気分を変えて，あるいは本命が定休だったりして，入ってくれるかもしれない．そうして，結構旨いなということになればしめたもので，人気が人気を呼ぶ，正の循環が始まるのである．

インターネット とうどん屋がどう関係するのであろう．
多くの人が自分のホームページやブログのページをお持ちであろう．持つからには多くの人に知ってほしい，人気が出てほしいと願うのが人情であるが，実は単純で，上のうどん屋さんのようにすればよい．そもそもWebページの人気は何で計られるのであろうか．尺度は一つだけではないが，**ページランク**と呼ばれる指標は代表的なものである．実は最近知ったのであるが，ページランクの所轄であるグーグルがその公開をやめてしまったらしい．したがって2017年の時点では，特定のページのページランクを知ることはできない．しかし，公開をやめただけで，ページランクそのものはグーグルが依然として保持していて，検索時の提示の順番等に利用しているらしい．いずれにしても，非常にうまくで

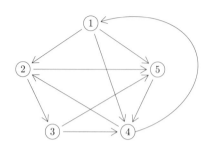

図 9.1 Web グラフ

きた指標なので，知っておいて損はない．その仕組みが分かれば，その値が何で決まるかも分かる．

　インターネットのモデルは単純で，今まで何度も出てきているグラフである．各**ページ**が頂点に対応し，**リンク**と呼ばれている参照が枝に対応している．例えば私のページからは私が関係している学会や今まで書いた本のページにリンクを張っているが，これが私のページに対応する頂点からその学会等のページに対応する頂点への枝である．重要なことは，ここでの枝は方向が付いていて，矢と呼ばれることもあるが，以下ではほとんどの場合リンクと呼ぶことにする．頂点とリンクからなるグラフを**有向グラフ**と呼ぶこともあるが，この章では単にグラフと呼ぶことにする．図 9.1 に 5 頂点のグラフの例を挙げる．例えば，頂点 3 が私のページで，4 と 5 のページにリンクを張っている．また，2 のページからはリンクが張られている．

　このグラフで，例えばある人が今，1 のページを見ていたとする．もしその人がリンクに従って次のページを見るとすると，その人が見る次のページは 2 か 4 か 5 である．仮に前の章で見たようにランダムウォークをするとすると，それらに等確率で移るので，次の時刻では，2，4，5 にそれぞれ確率 1/3 で滞在し，1 と 3 には確率 0 で滞在する．このことをベクトルの形で，$(0, 1/3, 0, 1/3, 1/3)$ と書くことにする．するとこのベクトルは以下のように行列（確率行列）とベクトルのかけ算によって求めることができる．確率行列はランダムウォークを表す行列で，例えばその 1 列目は頂点 1 から，頂点 2，4，5 に確率それぞれ確

第9章　自分のページのページランクを上げたい

率 1/3 で遷移することを表している．2列目が頂点 2 から 3 と 5 への確率 1/2 での遷移である．各列の値の合計が 1 になっていることに注意してほしい．この行列に今の時刻に頂点 1 に確率 1 で滞在することを表すベクトル $(1, 0, 0, 0, 0)$ を（縦ベクトルに直して）掛けると，

$$\begin{pmatrix} 0 & 0 & 0 & 1/2 & 0 \\ 1/3 & 0 & 0 & 1/2 & 0 \\ 0 & 1/2 & 0 & 0 & 0 \\ 1/3 & 0 & 1/2 & 0 & 1 \\ 1/3 & 1/2 & 1/2 & 0 & 0 \end{pmatrix} \begin{pmatrix} 1 \\ 0 \\ 0 \\ 0 \\ 0 \end{pmatrix} = \begin{pmatrix} 0 \\ 1/3 \\ 0 \\ 1/3 \\ 1/3 \end{pmatrix}$$

となって，次の時刻でどの頂点にどのくらいの確率で滞在するか，つまり，$(0, 1/3, 0, 1/3, 1/3)$ を得ることができる．これを**状態**と呼ぶ．つまり，現在の状態に確率行列を作用させて次の状態を得るという言い方をよくする．行列とベクトルの掛け算を忘れてしまった方は思い出してほしい．

$$\begin{pmatrix} x_{11} & x_{12} & x_{13} \\ x_{21} & x_{22} & x_{23} \\ x_{31} & x_{32} & x_{33} \end{pmatrix} \begin{pmatrix} y_1 \\ y_2 \\ y_3 \end{pmatrix} = \begin{pmatrix} x_{11}y_1 + x_{12}y_2 + x_{13}y_3 \\ x_{21}y_1 + x_{22}y_2 + x_{23}y_3 \\ x_{31}y_1 + x_{32}y_2 + x_{33}y_3 \end{pmatrix}$$

のように，行列の行の要素とベクトルの要素を一つずつ掛けて，その和をとるのである．

さて，時刻 2 の状態が $(0, 1/3, 0, 1/3, 1/3)$ なら，時刻 3 の状態はどうなるであろうか．これはもちろんもう一回同じ確率行列を作用させる（掛ける）ことによって得られる．つまり，

$$\begin{pmatrix} 0 & 0 & 0 & 1/2 & 0 \\ 1/3 & 0 & 0 & 1/2 & 0 \\ 0 & 1/2 & 0 & 0 & 0 \\ 1/3 & 0 & 1/2 & 0 & 1 \\ 1/3 & 1/2 & 1/2 & 0 & 0 \end{pmatrix} \begin{pmatrix} 0 \\ 1/3 \\ 0 \\ 1/3 \\ 1/3 \end{pmatrix} = \begin{pmatrix} 1/6 \\ 1/6 \\ 1/6 \\ 1/3 \\ 1/6 \end{pmatrix}$$

127

となる．では仮に現在の状態が $(3/19, 4/19, 2/19, 6/19, 4/19)$ であった
なら次の状態はどうなるであろうか．

$$
\begin{pmatrix}
0 & 0 & 0 & 1/2 & 0 \\
1/3 & 0 & 0 & 1/2 & 0 \\
0 & 1/2 & 0 & 0 & 0 \\
1/3 & 0 & 1/2 & 0 & 1 \\
1/3 & 1/2 & 1/2 & 0 & 0
\end{pmatrix}
\begin{pmatrix}
3/19 \\
4/19 \\
2/19 \\
6/19 \\
4/19
\end{pmatrix}
=
\begin{pmatrix}
3/19 \\
4/19 \\
2/19 \\
6/19 \\
4/19
\end{pmatrix}
$$

のように次の時刻の状態も同じになるのである（ぜひ検算をしてみてほ
しい）．つまり，この状態が **定常状態** で，最初の状態に関わらず多くの
ステップ数を費やせば，この状態に収束するのである．これは前の章の
方向がない枝の場合と同じであるが，収束する値は微妙に違っている．
つまり，前は各頂点の値はその次数に比例したが，今回は特にそんな簡
単な法則はない．いずれにしろ，この定常状態の各頂点の確率がペー
ランクそのものなのである．つまり，各ユーザーが Web グラフ上をラ
ンダムウォークして定常状態に到達したときに，各ページにどのくら
いの割合でとどまっているかという指標である．今の場合で言えば，全
部で 19 人が Web ページを見ているとすると，3 人が 1 のページ，4 人
が 2 のページ，2 人が 3 のページ，6 人が 4 のページ，4 人が 5 のペー
ジを見ていることを示している．正に各ページの人気の度合いを示して
いると言ってよいであろう．

　定常状態 を直接求めるのは簡単である．単に連立方程式を解
けばよいのである．いま定常状態を示すベクトルを $\boldsymbol{y} = (y_1, y_2, y_3, y_4, y_5)$ とする．上に示したように，グラフから決まる確率行列に定常状態
のベクトル $\boldsymbol{y}$ を掛けると同じベクトルになるというのが定常状態の意
味であるから，結局，以下の連立方程式を解けばよい．

第 9 章　自分のページのページランクを上げたい

$$\begin{pmatrix} 0 & 0 & 0 & 1/2 & 0 \\ 1/3 & 0 & 0 & 1/2 & 0 \\ 0 & 1/2 & 0 & 0 & 0 \\ 1/3 & 0 & 1/2 & 0 & 1 \\ 1/3 & 1/2 & 1/2 & 0 & 0 \end{pmatrix} \begin{pmatrix} y_1 \\ y_2 \\ y_3 \\ y_4 \\ y_5 \end{pmatrix} = \begin{pmatrix} y_1 \\ y_2 \\ y_3 \\ y_4 \\ y_5 \end{pmatrix}$$

右辺の変数を左辺に移して同じ変数をまとめると，

$$\begin{pmatrix} -1 & 0 & 0 & 1/2 & 0 \\ 1/3 & -1 & 0 & 1/2 & 0 \\ 0 & 1/2 & -1 & 0 & 0 \\ 1/3 & 0 & 1/2 & -1 & 1 \\ 1/3 & 1/2 & 1/2 & 0 & -1 \end{pmatrix} \begin{pmatrix} y_1 \\ y_2 \\ y_3 \\ y_4 \\ y_5 \end{pmatrix} = \begin{pmatrix} 0 \\ 0 \\ 0 \\ 0 \\ 0 \end{pmatrix}$$

になる．実は，このままでは全部の変数の値が 0 という自明な解を持ってしまうので，$y_1 + y_2 + y_3 + y_4 + y_5 = 1$ という式を付け加えて解く（筆算でも難しくはないが，Web サイトを利用するほうが格段に簡単である）．

　定常状態の各頂点の確率（その頂点のページランク）に特に大きな特色はないと言ってしまったが，頂点 4 の値が高いことが分かる．頂点 4 には 3 本の矢が入ってきているので，上の方程式からも分かるとおり，三つの頂点からのウォークを受けるので値が大きくなるのは理解できる．しかし，もっと重要なのは，このように値の大きな頂点（優良ノードと呼ばれたりする）からのリンクのある頂点は大いに恩恵を受ける．例えば 1 と 3 は共に入る矢が 1 本しかないが，1 のほうが値が良くなっている．もし 4 から 2 へのリンクがないとこの傾向は一層強調されて定常状態は $(12/37, 4/37, 2/37, 12/37, 7/37)$ になる．時間がかかってしまったが，これが私が言いたかった「人気店の隣に店を出す」考え方なのである．

　以上がページランクの基本的考え方であるが，実際の運用では色々補正を行っているらしい．特に重要なのが，**ランダムジャンプ**と呼ばれる

129

補正である．これは，あるページに滞在するユーザーは，そのページからのリンク先に移動するのが基本の動作であるが，他に一定の確率でリンクのないページにジャンプするというものである．これは，実際的には結構頻繁に起こる現象である．例えば，ほとんどのユーザーはグーグルとかアマゾンを頻繁に見る．つまり，どのページを見ていても，これらの超有名なページに一定の割合で跳んでしまうのである．この影響を入れるために，別の確率行列として以下のようなものを用意する．

$$
\begin{pmatrix}
3/4 & 3/4 & 3/4 & 3/4 & 3/4 \\
1/4 & 1/4 & 1/4 & 1/4 & 1/4 \\
0 & 0 & 0 & 0 & 0 \\
0 & 0 & 0 & 0 & 0 \\
0 & 0 & 0 & 0 & 0
\end{pmatrix}
$$

1 行目がグーグルで，2 行目がアマゾンと考えていただければよい．この行列 Q を本来のリンクに基づいた確率行列 M に一定割合で混ぜるのである．例えば，

$$
\frac{3}{4}M + \frac{1}{4}Q
$$

で新たな確率行列を作れば，それは以下のようになる．

$$
\begin{pmatrix}
3/16 & 3/16 & 3/16 & 9/16 & 3/16 \\
5/16 & 1/16 & 1/16 & 7/16 & 1/16 \\
0 & 3/8 & 0 & 0 & 0 \\
1/4 & 0 & 3/8 & 0 & 3/4 \\
1/4 & 3/8 & 3/8 & 0 & 0
\end{pmatrix}
$$

そして，定常状態は，

$$
\left(\frac{381}{1378}, \frac{304}{1378}, \frac{114}{1378}, \frac{327}{1378}, \frac{252}{1378} \right)
$$

になる．以前の $(3/19, 4/19, 2/19, 6/19, 4/19)$ と比べて，ページ 1 の躍進が素晴らしいのが分かるであろう．もちろん，このランダムジャンプ

第 9 章 自分のページのページランクを上げたい

の行列 M は所轄のグーグルによって決められる.

　ということで,お待たせしてしまったが,この章のタイトルに戻る. 自分のページのページランクを上げるにはどうしたらよいであろうか. 巷では色々言われているらしいが,基本に戻れば優良ページからのリンクをもらうのが正統なやり方である. 優良ページは政府とか大会社とか大学といった職場や,学会等の団体であり,そこに,属していてリンク付けしてもらえれば,まあそこそこの値は確保できる. さらに周辺に(例えば家族に)そういった人がいれば,その人に(こっそり)リンクをお願いすることも良い考えだと思う.

最近は SNS (ソーシャル・ネットワーキング・サービス) の時代だと仰るかもしれない. つまりリンク構造は,Web ページだけではなく,急激に人気が高まっている SNS でも「友達関係」としての基盤になっている. この場合は,リンクに方向がない場合が多いようである. したがって,今まで見てきた方向のあるリンクとはかなり状況が違ってくる. ここでも,例えば確率 1/5 でのランダムジャンプが大きな役割を持つ(ランダムジャンプがなければ単に枝の多い人,友達の多い人が大きなページランクを持ってしまう). また,SNS の場合は特に重要なメンバーを優遇する理由もないので,このランダムジャンプはメンバー全員に公平にジャンプするという設定が多い.

　SNS であっても,大きな値のページランクを得たいのは人情である. もちろん,多くのリンクを持つ人が大きな値を持つ傾向は変わらないが,少し面白い現象も見られる. 例えば,リンクの性質が Web 網とは少し違う. Web 網の場合はこちらからリンクを張るのは先方の了解を得る必要は通常ない. しかし,SNS の場合はリンクに方向性がない,というか双方向のため,相手の了解が必要であるし,相手の人気が高い場合はそう簡単ではない. しかし,リンクを切るのは通常相手の了解なしでできる. 面白いのは,このリンクを切るという,通常は自分のページランクを下げる行為によって,逆にページランクが上がることがあるという現象である. 図 9.2 を見てほしい. ここで K_{18} は 18 頂点

131

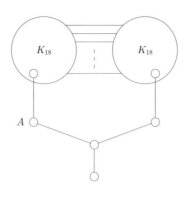

図 **9.2** ソーシャル・ネットワーク

の完全グラフである．二つの K_{18} の間は（あまり重要ではないが）18本の枝が頂点ペアにつき1本ある．面白いのは頂点 A である．この状況での A のページランクは 0.011 である．平均は 0.025 くらいなので，やはり次数が小さいだけに値も小さい．しかし，K_{18} に向かうリンクを切ると，0.126 へ約1割上昇するのである．直観的理由は以下のとおりである．問題のリンクが存在すると，1/2 という比較的高い確率で A から上の密な部分に行ってしまう．するとその頂点の次数が大きいことから，A に戻ってくる可能性は小さい．ランダムジャンプ（2割を仮定している）で上の大きな部分に行く確率は高く，リンクがないとそこからの戻りを享受できないという逆の効果もあるが，リンクがある場合の不利益のほうが勝るのである．

類似の指標はページランク以外にもいくらでもある．いずれ

もIT時代の申し子と言ってよいであろう．レストラン経営者にとっては食べログのポイントが死活問題になっていて，一部スキャンダルさえも報道されている．アマゾンの売上ランキングは私にとっても無視できない．どんな本でも出版してすぐは結構売れるので，私もこのランキングを見て一喜一憂した経験がある．食べログのほうはレポーターの主観的評価があるので透明性に欠ける面が否定できないが，アマゾンのほうは実際の売上に基づいた数字なので客観性に関しては問題な

い．その計算方法は非常にシンプルで，次のようなものである（らしい，公式には非公開である）．それぞれの本は毎日持ち点があり，次のように計算される．1冊売れれば1点である．点数は1日経つと半分になる．そのような点数のその日までの合計が持ち点，これだけである．例を見てみよう．ある本が，月曜に発売されて，初日に5冊売れた．5点である．火曜には10冊売れた．火曜の持ち点は $10 + 5/2 = 12.5$ である．月曜の点数は半分に減っていることに注意されたい．水曜には5冊売れた．水曜の持ち点は $5 + 12.5/2 = 5 + 10/2 + 5/2^2 = 11.25$ である．ランキングは単に持ち点の上位から順に並べただけである（少なくとも毎日更新されているらしい）．毎日平均してよく売れる本は，その持ち点の半分ほどの冊数が毎日売れていることになる（なぜか理由を考えてほしい）．あまり売れない本，例えば数日に1冊しか売れない本の持ち点は当然（売れた日以外は）1より小さい値で，そのランキングは売れた日にジャンプして上がり（とはいっても50万位が20万位くらいになるくらいだが），次の日からまた元の辺りに向かって下がっていく．実際にシミュレーションしていただければ簡単に分かるであろう．容易に分かることであるが，総売上の冊数とは全く関係ないどころか，同じ順位であっても，その前，例えば10日間に売れた冊数は大きく異なることがある．極端な例で，毎日100冊（10日で1000冊）売れた本の持ち点は約200点である．最初に日に20万冊売れたが次の日から全く売れなかった本の10日後の持ち点も200点である．

　この手のインデックスは，話しだしたら切りがない．大学と大学の先生もいくつかの指標に翻弄されていると言ってよい．特に最近，大学の世界ランキングが世間の注目を集めている．故あって，数年前にタイムズ誌のランキングに関して少し詳しく調べてみた．その時は日本の大学が何校か100位以内に入っていたが，前後の点数はかなり僅差であった．はっきりとは憶えていないが，東大や京大も香港やシンガポールの大学といい勝負をしていたように思う．少し内容を解析すると，日本の大学は，項目中の国際化の部分で香港やシンガポールの大学に大差をつけられていて，この項目がそれらの大学並みになれば，順位がかなり

上がることが分かった．確かに，香港，シンガポール，さらに韓国でも大学の国際化は目を見張るものがある．例えば韓国の比較的新設の大学である Postech には知り合いがいて何回か行ったことがあるが，講義は全て英語という話を聞いてびっくりした．まぁ強がりを言えば，日本語は明治からの伝統で専門用語が充実しているし，カタカナとかもあって，理系の科目にも全く不便を感じない．しかし，諸外国の学生にとって，日本語が大きなネックになっていることは確かで（ドイツやフランスでももちろん講義は全て自国語ではあるが，西洋語と日本語の違いは大きい）こんなことで大学のランクがかなり落ちてしまうのは大いに不満である．

　学者の場合は論文に関するインデックスである．学者にとって論文は絶対的に重要である．しかし，私が採用されたころは論文に関する評価はそこまでは数値化されていなかった．もちろん，絶対数と掲載誌のレベルの高さは重要であったが，単著の論文が多いとか，超一流の会議に論文が複数あるとか，そういった採用するサイドの「目のつけどころ」が複数あって，それだけ能力評価に弾力性があったと思う．現在もそういった項目は重要ではあるが，いくつかの「数値」が簡単に利用できるようになった．その最右翼が被引用数である．つまり，自分が書いた論文が何回他の論文に引用されたかを示す数値である．その論文の重要性を示す尺度として定着したと言ってよい（もちろん，完璧というわけではない．指標というものは，それが重視されると必ずと言っていいくらい操作しようとする輩が現れるし，そうでなくても，公平さ，例えば地域的コミュニティの格差，等の問題が必ずある）．巨大な被引用数の論文を持つことはもちろん高く評価されるが，その論文が複数の著者を含む場合は，誰が主著者であるか，誰が基本的アイデアを出したかと言ったことでもめることがある．むしろ，研究者の総合的能力を表す指標として，H インデックスという数値が重要視されている．これは，ある学者の論文を被引用数の多い順にソートし，その順位と引用数が一致する値をもってその人の H インデックスとする．例えば，その値が 10 の人は，いくら多くの論文があったとしても，芳しくはない．つまり，引

用数が 10 番目の論文で既に引用数が 10 くらいになってしまっている
のである．私の経験では，ある分野を特定し，さらに年齢を考慮に入れ
れば，この数値はある程度その人の能力を正確に表しているのではない
かと思う．

実は，今しがたあるホテルを予約したところである．総合評価 4.01
であった．何だかんだ言いながらこういう数値に引っ張られてしまう．
良いのか悪いのか正直言って，よく分からない．

第10章
対話のアルゴリズム

　京都プロトコルという言葉がある．本来のIT用語としてのプロトコルは，アルゴリズムと同じような意味で，何かをするときの手順を記述したものである．しかし，プロトコルの場合はそこにおいて通信が重要になる場合に使われる．そこで京都プロトコルは，京都独特の挨拶とか会話（共に，通信と言われれば通信であろう）に関するルールとか言い回しを指して使われることが多い．有名なのは「京の茶漬け」である．上方落語から来たものらしいが，来客がちょうど帰ろうとしている時に，主が「何もありませんが茶漬けでも」と引き止めるのである．もちろんここは，「またこの次に」と言ってそのまま帰る，というのが京都プロトコルである．発展形として，客が帰る素振りを見せない時に，やはり適当なタイミングでこの言葉を投げかける．すると客は悟って，「これはこれは，思いがけなく長居をしてしまいました」と言って帰り支度をするのが京都プロトコルである．つまり，これは挨拶であって，文字どおりの意味を取ってはいけないという忠言なのである．確かに言われてみれば，例えば出がけに近所の人が，「今日はどちらへ」と声をかけてきた時に，真面目に行き先を答える人はまれである．「はい，ちょっとそこまで」で終わりである．

　私は若い時に次のような京都プロトコルを教えてもらった．国際会議の計画があって，高名な教授に実行委員会の委員長をお願いするという場面である（往々にしてお飾りなのであるが，まあそれは良しとしよ

137

う）．お願いに上がると，「いえいえ，私などにはとてもそのような役は務まりません」と固辞される．仕方なく帰ってきて，他の先生を考えないといけないかと思いながら数日後，ある会議でその先生と同席した．先生は近寄ってこられて，耳元で「この前の話はどうなったんや」と囁かれたというのである．つまり前の，とても私には云々も挨拶であって，真に受けてはいけないのである．正しいプロトコルは，数日後もう一回伺って，「色々仲間と議論しましたが，やはり先生にお願いするしかないという結論になりまして...」と持っていくと，「そうですか，そこまで仰るなら...」ということで一件落着である．万が一，本当に引き受けられない事情がある場合は，前よりは具体的にその説明があるということらしいのである．このように，いずれにしても2回行くというのがプロトコルなのであって，たとえ本当に断ろうと思っていても，2回目の訪問がないと気分を害されてしまうのだそうである．

　女性同士の会話も難しいと言われている．とにかく直接的に言うのは，特に内容がネガティブな場合は，絶対避けなくてはならず，1回の失敗で人間関係が完全に破綻してしまうことすらあると言われている．例えば，お隣の植木の枝が伸びてきて鬱陶しい．そんな時でも奥さんが隣の奥さんに「枝がこちらに伸びているので切っていただけませんか」と言ってしまったらアウトである．そんな時は，同じ町内のもっと親しくしている人に柔らかく相談してみる．するとその友人が町内会長のところに行く．すると回覧板か何かが回ってきて，「季節柄，植木の元気が良くなってきました．つきましては...」という感じで注意を喚起するのである．回りくどいことこの上ない．最悪でも，偶然の折に「私どもの庭の管理が悪くて，ご迷惑をおかけしているのではないでしょうか」くらいにやんわりと言ってみるくらいにとどめるのである．京都の人ならはっと気づいて，次の日には綺麗になっている．集会の後とかに，気の合わない人から一緒に帰りませんかと誘われて，瞬時に「ありがとうございます．今日はこれからちょっと寄り道がありまして...」と言えるのが京都人であるし，「どちらに？」などと絶対に聞き返してはいけない．時代は変わってきていると言われるかもしれないが，こう

いうプロトコルがあるということを知っておいて絶対に損はない.

　　プロトコルは一種のアルゴリズムと考えてよいが，通信が重要な役割を果たすのがプロトコルである．では通信の何が重要なのであろうか．もちろん，通信の量や質は今も重要な古典的テーマである．しかし，最近特に重視されていて本章のテーマにしたいのが，**情報の漏れ**の危険性である．通信がなければ情報が漏れる心配は比較的少ないが，通信を多用することで，重要なプライバシーが漏れてしまうことが頻発している．これは決して不注意のせいだけではない．通信した内容は，最低でも相手は見られる．多用すれば，質の良くない相手に出会う確率も上がる．サイバー犯罪もますます高度になっている．まあ，いったん外に出てしまった情報に秘密性はないと考えるのが安全である．逆に言えば，心配な人は通信を使わない，つまりオンラインバンキングなどというものはもっての外で，ネットショッピングもしない，グーグル検索も控えるのが無難である（とは言っても，ほんの 20 年前の生活に戻るだけなのであるが）.

　結局，通信はするにしても，情報は漏らさずに済めば，できるだけ漏らしたくない．以下では，そんなことがどこまで可能になるのかいくつかの例を通して見ていきたい．最初の例は投票（通信の一種）である．通常の選挙のように 1 回で終わりという場合は大きな問題にはならないが，結果が決まるまでに複数の投票をする場合には各回の結果をどこまで公表するかが問題になる．例えば，大学の総長選挙でも決定までに数回の投票が行われる．例えば最初は，学生までも含めた人気投票でかなり多くの「候補者」を選出するという感じである．その後で，徐々に候補の人数を絞っていって，最終的に過半数を集めた候補者が当選するというのが通常のやり方である．そこで，中間の投票結果であるが，得票数までも出す完全オープン型，得票数は出さないが得票順に名前を並べるという中間型，得票順も出さずに次の回に進める候補者の名前を，例えばアルファベット順に公表するという隠蔽型もある．特に互選形式の選挙の場合は情報を隠す場合が多い．有名なローマ法王の選挙もこの

139

類いの話である．ある程度の合意ができるまで徹底的に議論すべきで，投票はその合意ができたかどうかだけを確認する手段であるという考えが強いからである．

　以下のような状況では，途中経過の情報をできるだけ漏らさないという精神が特に重要になる．今，5人ずつの男女がお見合いパーティーをしたとする．話も弾んで，場も盛り上がって，いよいよ投票によってパートナーを決めましょうということになった．ルールは単純で女性が男性を1人選んで投票するというものである．5人の好みが完全に分かれて5組のカップルが誕生すればおめでとう，うまくいかなければ，さらにお話を続けて10分後に再投票，これを決まるまで続けるというものである（大昔ではあるが，そんなテレビ番組が実際にあったのである）．問題は結果をどのように公表するかである．マッチングができた場合は，"できた"とだけ公表すればよいであろう．後は参加者が正直に行動すれば問題ない．できなかった場合は，恥ずかしい思いをする人をできるだけ出さないほうがよいであろう．つまり，マッチングができなかったという事実だけを公表して，他の一切の情報漏れを防ぎたい．さらに余計な心配なしにするためには，開票も第三者なしで自分たちでできたほうがよい．例えば，無記名であったとしても，女性が男性の名前を紙に書いて投票するなどというのは最低である．3人からプロポーズされた男と0票の男の名前が完全に分かってしまうし，パーティーのその後の進行のためにも良いことは何もない．そもそも名前を紙に書くという方式が良くない．開票で最初の票を見た瞬間に，誰々に1票入ったという情報が漏れるからである．

　実は，難しい道具を使うことなしに，余計な情報の漏れをほとんど防ぐことのできるうまい方法がある．用意するのは紙と5個のまったく同じコップだけである．5人の女性は各自5個の小さな紙片をもらう．そのうちの一つの紙片に○を書いて，見えないように折り畳んでしまう．投票の時は，各男性の前に置かれたコップ（透明でよい）に紙片を一枚ずつ入れる．このとき注意するのは，○の付いている紙片を間違えないように自分の意中の男性のコップに入れることである．投票が

第 10 章　対話のアルゴリズム

終わった時点では 5 個のコップに見かけ上はどれも同じ 5 個の紙片が
入っているだけなので，一切の情報漏れはない．さて，開票である．開
票の前に，5 個のコップを集めて，どのコップがどの男性の前に置いて
あったかを分からなくするためにシャッフルする（例えば 2 人の女性
が代表になって，1 人ずつ出て，他の人には後ろを向いてもらって，コ
ップの場所をばらばらに入れ替えてしまえばいい）．次に，どれでもよ
いからコップを選んで，紙片を開票していく．もし○の紙片が出れば，
その場で中断して次のコップに移る．誰かに少なくとも 1 票入るのは
当たり前なので，情報漏れはない．最後のコップまでいけば（つまり 1
票○が各コップにあれば）マッチング成立である．もし○の紙片がない
コップが現れればその時点で開票を終了して，マッチング不成立を宣言
する．マッチング成立なら（それ以外の）何の情報も漏れていない．不
成立の場合は，空のビンがあることが不成立のための必要十分条件な
ので，やはり情報は漏れていない．厳密に言うと，最初や 2 番目のビ
ンが空だった場合は問題ないが，例えば最後のビンが空と分かった場合
は，少なくとも 4 人の男性は 1 票以上得たという情報が漏れてしまう．
ほとんどと言ったのはそういうことで，改良の余地がある．

　対話型のプロトコルが次の話題である．ここでもテーマは情報
漏れを防ぐことで，ちょっと信じられないような巧みなプロトコルを紹
介する．しばらく準備であるが，ある数を 2 乗するのは単なる掛け算
であるから小学生でも簡単にできる．しかし，その逆である平方根を求
めるのはそう簡単ではない．単純なやり方は，例えば 100 の平方根を
求めたかったら，1，2，3 と順番に数を 2 乗して 100 になるかどうかを
見ていく**検算方式**である．これはもちろん，与えられた整数の平方根が
あれば確実に求まるし，なければ 2 乗した値がある時に目標を超えて
しまうので，そこでやめることができる．しかし，50 桁の数の平方根
は約 25 桁になるのであるから，この検算方式はかなり効率が悪い．実
は，少しでもアルゴリズムを勉強した人ならすぐ分かるのだが，2 分探
索という手法が使えるので，この方式の効率は実際は悪くない．しか

141

し，もう一段踏み込むと，計算機の世界では全ての計算は有限桁の計算になる．その場合，つまりある最大の数 n を固定して，全ての計算を mod n で行う世界では，この2分探索手法は使えないし，さらに悪いことに，桁数の半分くらいの検算で済むということさえも言えない．つまり平方根を求めるのは，検算方式より本質的に良いアルゴリズムがないとすると，かなり難しい部類の計算問題になると考えてよい．これは素因数分解の難しさとよく似ている．したがって，以下では，mod n 計算のことを陽には出さないが，平方根や素因数分解を計算することは計算困難であるという（業界で強く信じられている）仮定の下に話を進める．実際，10^{50} 規模の計算はどんな並列計算機でも絶対に不可能である．

　ある会社が50桁の数の整数平方根（存在するなら）を計算しますという宣伝を Web に出した．費用は500万円である．ある弁護士が興味を持った．つまり，ある大きな数の平方根が求まれば，今扱っている暗号に関する訴訟の決定的な証拠が得られるので500万は高くない．しかし，500万を払って，なんだかんだと待たされたあげく，結局，答えが出ないで500万を持ち逃げされるという危険性も大いにある．そこで，問い合わせると，「それでは送金する前に何か50桁の数を送ってください．私どもがその平方根を求められることを証明します」と言ってきた．「ええー，そんなことをしたら皆答えをもらってお金を払いませんよ」と言うと，「もちろん，平方根そのものはお教えできませんが，平方根を求めたという証拠をお見せします」と言ってきた．そんなことがと思われるかもしれないが，これはゼロ知識証明と言ってアルゴリズムの世界では標準的なテクニックとして知られているのである．答えそのものを示さずに答えを知っている，あるいは答えを求めることができる，ということを他人に納得させたい場面に多く現れるのである．本の立ち読みなどという古くからある習慣もこの類いの話なのである．

　問題を整理してみよう．アリスとボブの2人がいる（なぜかこの世界ではこの2人がよく出てくる．太郎と花子でもよいのであるが，慣習に従ってこの2人でいく）．アリスは極めて強い計算能力を持ってい

第 10 章 対話のアルゴリズム

て，平方根を求めるのも簡単である．一方，ボブの計算能力は制限され
ていて，いわゆる多項式時間程度の計算しかできない．ボブはある 50
桁の整数の平方根を知りたくてアリスに頼むと，アリスは答えは知って
いるが，お金を払うまで教えないと言ってきた．当然ボブは答えを知っ
ていることの証拠を出せと言うと，アリスは以下のプロトコルで証拠を
お見せしましょうと言ってきた．ここで重要なのは，ボブの計算能力は
制限されているとはいえ，平方根の検算くらいはできるということであ
る．確かに，25 桁の数の 2 乗なら筆算でもできる．つまり，アリスは
あまりいい加減なこと（例えば適当な数を出して，これが答えだなどと
嘘をつくこと）はできないのである．

　アリスが示してきたプロトコルは図 10.1 のようなものであった．プ
ロトコルには通信の規則と，ボブの計算のやり方が書いてある．つま
り，アリスが言うには，私が最初にある数 Z を送るので，何でもよい
から 1 ビット（0 または 1）送り返してください．その後，再びある数
W を送るので，ボブさんはそこに書いてある規則に従って，つまり，
$b = 0$ の場合は Z と W^2 を比較，$b = 1$ の場合は xZ と W^2 を比較（ど
ちらもボブができる簡単な計算である），いずれの場合も一致すれば受
理してください，と言ってきたのである．

　このプロトコルが確かに正しいことを見ていこう．アリ
スがボブに対して証明したいのは次の 3 点である．なお，平方根を求
めたい数が x でもちろんアリスもボブも知っている．（1）x の平方根 y
を実際にアリスが知っていると，アリスはすぐ後で説明するような数値
である Z と W を送ることによって，ボブを常に受理に導くことができ
る．（2）その時に，y に関する情報はボブに漏れない．（3）x の平方根
y をアリスが知らないなら（あるいは，そのような y が存在しないな
ら），ボブは b の値をランダム選択することによって，確率 1/2 で非受
理になる．つまりアリスは，「ボブさん，これから証明するように，私
が y を知っているなら，ボブさんは常に受理しますよ．知らないなら，
ボブさんは b としてランダムな値を送れば確率 1/2 で私の嘘を見抜く

143

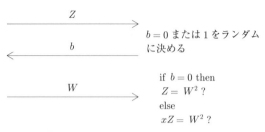

図 **10.1** プロトコル

(非受理とする) ことができます.だから,このプロトコルを 10 回繰り返しましょう.10 回とも受理するなら私が本当に y を知っていると納得されてもよいのではないでしょうか.1 回で私の嘘がバレる確率が $1/2$ なら,10 回もやれば絶対にバレますよ」.

(1) 平方根 y をアリスが本当に知っている場合である.図 10.2 に示すように,アリスが最初にすることは,ランダムな整数 R を発生させることである.桁数は大体 x と同じくらいと思えばいい.それを 2 乗して,ボブに送る.ボブは,それを受け取ると,図 10.1 のプロトコルに従って 1 ビットの数 b をこれもランダムに決めて,アリスに送る.次にアリスは数 W を作るが,b の値によって異なる.$b=0$ なら,W は前の乱数 R そのものであり,$b=1$ なら,$W=yR$ とする.ボブが本当に受理するかどうか見てみよう.$b=0$ なら,$Z=R^2, W=R$ である.よって,明らかに Z と W^2 は同じ値になるので,ボブは受理する.$b=1$ なら,$Z=R^2, W=yR$ である.よって,$xZ=xR^2=y^2R^2$ となって,確かに W^2 と値が一致する.つまり,ボブは受理する.

(2) $b=0$ の場合は,ボブに送られる Z も W も乱数 R の情報しか持っていないので,y の情報は明らかに漏れない.$b=1$ の場合は,まず Z に関しては問題ない.W であるが,一応 y の情報を含んではいるものの,乱数 R が掛けてあるので大丈夫である.y よりも桁数の多い乱数が掛けられるので,元の y の情報が消されてしまう.このことは実は少しややこしくて,上で説明したように,有限桁の中で全て行うな

第 10 章　対話のアルゴリズム

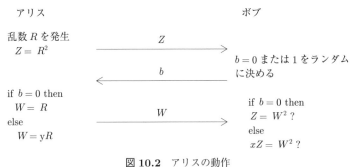

図 10.2　アリスの動作

ら，乱数を掛けた結果はその有限桁の中のどの数にも等確率で遷移するので，まったく問題ない．今はそこを少しさぼっているので，多少心配があるが，例えば $y=33$ に $R=1740$ を掛ければ，結果は 57420 である．まあ，33 の情報が漏れるとは考えづらい．もっとも，ボブが R の値を知っていれば話は別で，その R で W を割ることで簡単に y を知ってしまう．ここで仮定が生きてくるのであるが，最初に Z としてもらうのは R^2 なので，この値から R を得ること（Z の平方根を求めること）はボブにはできないのである．

（3）最も面倒な場合である．アリスが y を知らないとする．知らなくてもとにかく Z と W を送らないといけない．どんな値を送っても，ボブは確率 1/2 で非受理になることを示す．つまり，アリスがどんなにボブをだまそうとしても，つまり y を知っているふりをしてお金をだまし取ろうとしても，確率 1/2 で失敗してしまうのである．二つの場合がある．最初の場合は Z として，何かの数の 2 乗になっていない数を送った場合である（上の（1）では 2 乗になっている数を送ったが，もちろんそうする必要はない．アリスはいかなる努力をしてもよいのである）．この場合は簡単で，ボブが $b=0$ を送った時に嘘がバレてしまう．なぜなら，$Z=W^2$ となる W が存在しないからである．場合 2 は，Z として何かの数の 2 乗を送った場合である（$Z=z^2$ としよう）．この場合はボブが $b=0$ を送ってきた場合はシメシメである．W として，z を送ることによって，ボブを受理に導ける．しかし，ボブが

$b = 1$ を送ってきた場合はどうであろうか．ボブを受理させるためには $W^2 = xZ$ となるような W を送らないといけない．つまり，

$$\sqrt{xZ} = \sqrt{xz^2} = \sqrt{x}z = yz$$

を W として送らないといけないが，y を知らないので不可能である．つまり，どんな W を送っても（万が一，偶然の一致があるかもしれないが，それを無視すれば）ボブは非受理になる．

このプロトコルの巧妙さが分かっていただけたであろうか．つまり，$b = 0$ という一見 x の平方根がまったく関与しない場合を作っておくことが肝心なのである．もし，$b = 0$ の場合がなかったら，あるいは，ボブが $b = 1$ を常に送ってくることをアリスが知っていたらどうなるであろう．アリスは適当な乱数 r を作って，最初に $Z = r^2x$ を送る．予定どおり $b = 1$ を送ってきたときに $W = rx$ を送れば，ボブは受理してしまう．つまり，平方根を知らなくてもボブをだませてしまうのである．しかしこの場合，今度は $b = 0$ の時にアリスは困ってしまうことが分かるであろう．

電話でじゃんけん ができるかどうかを次に考えよう．

できたらよいのにと思うことが結構あるに違いない．安直なのは第三者にメールを送って判定してもらうことであるが，正直言ってあまり頼みたくないことではある．自分の選択をお互いに同時にメールするというのもありうるが，メールは30秒とか遅れることもあるので，しばらく相手からのメールを待ってインチキをしようなどという考えがどうしても出てくる．

ここでも，情報を漏らさないという技術は大いに利用できそうである．例えば，先にボブが自分の選択（グー，チョキ，パーのいずれか）を情報を漏らさないでアリスに送る．次にアリスが自分の選択をボブに送って（この場合は隠す必要がない），次にボブが前に送った選択を公表する．もちろん，公表する時に前の選択を変えてしまうというインチキができないようにプロトコルを上手に設計する必要がある．すぐ思い

146

第 10 章　対話のアルゴリズム

つくのは，最初にボブが選択を送る時に，暗号化して送ることである．
そうすればアリスは何が来たのか分からない．公開のときにその暗号
の鍵をアリスに送る．こうしてアリスは前に送られてきたボブの選択が
分かって，勝ち負けの結果も判明する．一見良さそうであるが基本的欠
陥がある．ボブは自分の選択をアリスに送るときに適当な鍵で暗号化す
るのであるが，最後に鍵を送るときに，その鍵を送らず別の鍵（らしき
もの）を送ってもまったくバレない．例えば，グー，チョキ，パーにそ
れぞれ 2 ビット，$00, 01, 10$ を使うとする．暗号化の鍵は，やはり 2 ビ
ットで，$00, 01, 10, 11$ である．じゃんけんのビット $x_1 x_2$ を鍵のビット
$k_1 k_2$ で暗号化するときは，$(x_1 \oplus k_1)(x_2 \oplus k_2)$ を 2 ビットの暗号とす
る．$\oplus$ はよく使われる論理演算で XOR と呼ばれ，以下のように定義さ
れる．

$$0 \oplus 0 = 0, \ 0 \oplus 1 = 1, \ 1 \oplus 0 = 1, \ 1 \oplus 1 = 0$$

要するに，一方が 1 なら他方の値を反転し，0 なら反転しないと憶えれ
ばよい．暗号の鍵としても，シンプルだし，完全に情報を隠すという利
点もある．そこで，ボブはチョキ 01 を鍵 11 で暗号化してアリスに 10
を送った．するとアリスは（暗号なしで）00 を送ってきた，グーであ
る．そこで，ボブは慌てることなく，私の鍵は 00 でしたとアリスに送
れば，インチキしたボブの勝ちである．

　こういった場面で有効になる技術の代表が**一方向性関数**である．関数
には逆関数が定義できる場合がある．例えば，$y = 5x + 3$ という関数
である．x に値を入れれば関数値 y が計算されるが，逆に y にある値を
入れて x の値を求めるのが逆関数である．この例の場合は，順方向の
関数も逆関数（$x = y/5 - 3$ と書ける）も計算は簡単である．しかし，
順方向に比べて逆関数の計算がより困難になるという例がある．という
か，一般に関数というのはそういう性質を持っている．例えば二次方程
式を解くという作業も，ある意味この逆関数の計算（この場合は，一般
には二つの値を持つので関数とは言えないかもしれないが）を行ってい
ることになる．このような順方向の計算は比較的簡単であるが，逆関数

147

の計算が困難であるような関数のことを「一方向性関数」と呼ぶ．ここで，計算が簡単かどうかの基準は，もちろん，今までどおり，効率の良い計算アルゴリズムがあるかどうかである．

一方向性関数の代表例は $f(x, y) = xy$，つまり二つの数の掛け算である．少し条件をつけて，x と y を共に素数に限定すれば，逆関数も値は一通りしかない．これはいわゆる素因数分解で，代表的な計算困難問題なのである．もちろん，順方向の計算は二つの数の掛け算なので，桁数の 2 乗くらいの基本演算で計算できるので，たとえ 100 桁という大きな値でも瞬時である．しかし，逆関数はうまい方法が知られていないので，何回も出てきている検算方式に頼らざるをえない．1 から 50 桁くらいまでの各数値 x に対して，与えられた数が x で割り切れるかどうかを確かめることになり，結局 50 桁の数（桁数ではなく数そのもの）くらいの計算が必要になってしまうので，どんな高速計算機でも到底不可能である．

一方向性関数 $f(x)$ が与えられたとしよう．前と同様にグー，チョキ，パーにそれぞれ 00, 01, 10 を割り当て，ボブは自分の選択に応じて $f(00)$ か $f(01)$ か $f(10)$ のいずれかをアリスに送るのである．アリスは逆関数が計算できないので，ボブの手を知ることができない．アリスが自分の手をボブに送ったあとで，ボブは自分の手を開示する．アリスはボブの開示した値 $x \in \{00, 01, 10\}$ に対して，$f(x)$ を計算してボブが嘘をついていないことを確認する．順方向の計算はアリスも（当然，ボブも）できる．なるほど良さそうに見えるのであるが，このプロトコルは本質的欠陥がある．ボブの選択の可能性はたった 3 個の数値なので，アリスはあらかじめ $f(00)$，$f(01)$，$f(10)$ の値を全部計算して憶えておけばよい．すると，ボブが関数値を送ってきた時にボブの手が分かるので，常に勝つことができる．

それなら，あらかじめ計算することができないように多くの数を使うよう，プロトコルを変更すればいいではないか．つまり，数の集合 X, Y, Z を考え，それぞれをグー，チョキ，パーに対応させる．各集合

は極めて多くの数を含んでいるので，あらかじめ計算しておくことができない．なるほど，アイデアは結構であるが，具体的にどうするかは簡単ではなさそうである．最初の関門は X, Y, Z をいかに決めるかである．もちろん，集合を書き下すことはできない（くらい多くの数を含む）ので，例えば，X は3の倍数，Y は3の倍数 $+1$，Z は3の倍数 $+2$ のように決めるのであろう．しかし，今度は，こうして決めた X，Y, Z に対してうまい一方向関数が存在するかどうかという問題が生じる．例えば，平方根が難しいからという理由で，$f(x) = x^2$ を順方向の関数として選んだとする．すると，x が3の倍数であれば，$f(x)$ も3の倍数である．しかし，x が3の倍数 $+1$ や $+2$ であれば，$f(x)$ も3の倍数 $+1$ であることが簡単に分かる．つまり，平方根を求めることなしに，少なくともボブの手がグーだったかどうかは（単純にもらった値を3で割ることによって）分かってしまう．グーならもちろんパーを出せば勝てるし，グーでないなら，チョキを出しておけば絶対に負けない．

　以下のような構成はいかがであろうか．四つの集合 S_1, S_3, S_7, S_9 を用意する．それぞれ，末尾が1,3,7,9の素数の集合である．そして，ボブは自分の選択に応じて以下のように二つの数 a と b をランダムに選択する．

$$\text{グーなら } a, \ b \text{ 共に } S_3 \text{ から}$$

$$\text{チョキなら } a, \ b \text{ 共に } S_7 \text{ から}$$

$$\text{パーなら } a \text{ は } S_1 \text{ から，} b \text{ は } S_9 \text{ から}$$

そして，関数は単純に a と b の積 $f(a, b) = ab$ である．順方向の計算は簡単である．逆方向の計算であるが，もちろん素因数分解をすれば a と b は求まるが，今はそれはできないという前提であるから，ここまでは問題ない．四つの集合が多くの数を含んでいるかどうかという問題であるが，素数は無限に存在するし，最後の桁が1,3,7,9の素数も無限に存在するらしい（詳しくは知らないが数学的に証明されているらしい）．もっと重要なことは，それぞれの素数が大きな偏りなしに存在するらしい（100万までの素数表を Web で調べると，S_7 がほとんど出ないとか

いう偏りは確かにない）．よって，aとbを選ぶことも容易にできそうである．つまり，ランダムに乱数を生成するプログラムを使って適当に生成する（素数の密度は結構高いので，単にランダムに数を選んでそれが素数かどうか判定すればよい．素数判定は比較的容易にできる）．何回かやれば自分の手に相当する素数を得ることができるに違いない．

最後に残った問題は，前に失敗したように，素因数分解をすることなしにaとbがどの集合から選ばれたか分かってしまうのではないかという危険性である．これに関しては，$f(a,b) = ab$の最後の桁はいつも9であることに注意してほしい．よって，少なくとも最後の桁を見てボブの手を推測することはできない．もちろん，これで問題ないと主張する気はまったくない．素数関連の数学的性質に関しては極めて多くの結果があるので，「簡単な計算では$f(a,b) = ab$の値からaとbの出所を導き出すことは不可能である」という命題を証明することは到底不可能である．ということで，かなりいい加減なところで終わってしまったが，実は，これなら大丈夫という証明されたプロトコルは存在しないのである．次の章でも出てくるが，我々の世界は「経験的に見て多分大丈夫だろう」という性質に限りなく依存しているのである．第二次大戦で，絶対安全と信じられていたドイツ軍の暗号が天才チューリングらによって解読されてしまったことを思い出してほしい．原始的な通信しか利用しない昔の生活に戻ることは到底不可能ではあるが，とんでもない事件が起こりうることは覚悟しておいたほうがいいと思う．

第11章
ビットコインの素晴らしさ

　京都検定というのを聞いたことがあると思う．京都商工会議所が主催する検定試験で，京都の地理，歴史，産業，等々京都に関する問題を解いて京都通を競うという毎年1回のイベントである．1級から3級まで分かれていて，合わせて毎回1万人弱の受験者が集まる．かなり難関で，特に1級は合格率が大抵1割以下という難しさで，過去問を見てもその難しさは半端ではない．私も京都が長いし，地の利もあるので，京都通の端くれとして一般の観光客が見落としがちな京都のいろいろを経験していきたいと思っている．例えば，祇園祭は最も人気のあるイベントと言っていいが，定番の山鉾巡行や宵山以外にも見所は多い．その一つが鉾の組み立てである．鉾には真木と呼ばれる長い棒が立っているが，それをどのように鉾本体に取り付けるのかは想像しがたいものがある．数年前，子供が帰省した折に鉾でも見に行こうかと四条界隈に出掛けたのだが，偶然，放下鉾という鉾の正にその場に遭遇した．既に真木は鉾の土台のような部分に取り付けてあった．なるほど，横倒しになっているのである．つまり，鉾の土台を作った後でそれを横倒しにする．その後で真木をその土台まで運び（20メートルもあろうかという棒を何人もの人で担いでくるらしい），それを土台に取り付ける．取付けは四方から添え木をあてるのである．それから全体を立てるのがメインイベントである．これは，ジャッキの原理で立てる．重要なのは土台の一方に10メートルはあろうかという2本の柱が取り付けられて

151

いて，横倒しの時にはそれが空に向かっている．その2本の柱の上部に横に木を渡し，そこにロープを取り付け，さらにそのロープを真木の中間点辺りに固定する．こうして，ロープをゆっくりと引っ張って，柱を倒すと同時に真木と土台を縦に起こすのである．重機は全く使わずに見事なものであった．

　大学に来て2～3年後のことである．郷里の埼玉の出身高校が京都に観光に来た．その年は私の担任だった先生が来られたこともあって宿舎まで挨拶に行った．次の日が京都観光ということで，私も暇だったので，ご一緒することになった．その担任の先生は古文の先生で，かなり研究熱心という評判であった．どこの寺だったかよく憶えていないのであるが，憶えているのは，寺院の本体ではなく周りにいくつもある小さなお寺のような建物に行っては，これが何々に出てくる何々上人の住居だった建物だ云々と説明してくれるのである．これらは塔頭と呼ばれ，寺院本体が有料であっても無料で公開している場合もある．多くが室町時代くらいの建造で，素晴らしい日本建築や庭園の粋を見ることができる．このことがきっかけで，私も，機会があれば本体はそっちのけで塔頭を見て回ることにしている．塔頭という言葉を知っているだけでも「通」の感じがよく出ていると，密かに思っている．

　だれでも知っている祭りや大寺院ではあるが，その少し先の普通の人はあまり興味を持たない奥の部分を知りたいというのがこの章の一つの主題である．

　もう一つの主題が反権威である．京都の人は天皇を東京に拐かされたと本気で思っている人が（少なくとも戦前までは）数多くいたらしい．それが原因かどうかは分からないが，反東京，反権威がそこかしこに出てくる．大学も例外ではない．東大に対しても意識過剰とも思えるくらい反発する．私は1，2年時にいくつかのいわゆる教養科目を受講したが，少しでも記憶があるのは一つだけである．それは確か国史学という科目名だったと思うが，上田正昭先生の担当であった．先生は当時，新進気鋭の教授といういでたちで，お話は本当に面白くて，結局，皆勤してしまった．テーマ的には卑弥呼の時代の話，いわゆる古代史なのであ

152

第 11 章　ビットコインの素晴らしさ

るが，その具体的内容よりも，ご自身の研究にまつわる様々なエピソードが次々に出てくる．特に東大の江上波夫教授はいつも目の敵という感じで話をされる．「騎馬民族説は確かにそれなりの根拠はあるのですが，先生は最近お年を召していて若干...」と学生を前にして宣われる．先生はごく最近までご健在で，しばしばマスコミにも登場されており，私は 40 年以上昔を思い出してニヤニヤしながら見聞きしていた．

　私が学生時代の京都は共産党の牙城であった．衆議院の京都 1 区は定員 5 で共産党と自民党が 2 人ずつ当選させるという時代であった．知事は蜷川虎造で，その選挙の強さは伝説的であった．今でも憶えているのは，大学のサークルの部室が集まっている一角に学内電話機が置いてあって，市内通話はゼロ発信で利用できた．選挙が近づくと，その電話をシンパの学生が一日中離さないのである．どこに掛けているのかはよく分からなかったが，聞くともなしに聞いていれば，相手を説き伏せるという感じの会話はまるでプロのように巧みであった．蜷川知事は京大経済を牛耳っていたマル経学派の主のような存在だったらしい．本当かどうかは知らないが，これも東大の近経への対抗心の故だと言われている．

　ビットコインが本章のテーマである．ビットコインのことは多くの人が何となく知っているし，その解説はそれこそごまんとある．多くの解説はその社会的な意味合いに関してである．その中でも多いのが投機に関する情報と解説であって，2017 年の春の状況では値動きがかなり激しい．もちろん，その仕組みに関する解説もあるが，技術的には全くの素人による「参加者全員が監視しているので安全です」的なミーハー解説と，ある程度の専門家による今度は専門的すぎてよく理解できないという両極端に分かれてしまっているように見える．ここでは，お約束したとおり，普通の人の知識の数段上の奥の部分を狙うのであるが，結構煩雑な実用化技術には深入りしないで，基本的アイデアを中心に，かつそれがどのような数学的理論によって支えられているかを主に解説する．本書で繰り返し述べてきた計算困難性を何層にも積み上

153

げて完成させたシステムであり，ここまで理論的に美しいシステムは見たことがない．なお，理論的基盤を 10 ページほどの論文にまとめ，かつその実用化の立ち上げにも大いに貢献した Satoshi Namamoto という人物（団体？）に関してはいまだに（2017 年春現在）最終的特定はできていないと言われている．当然かなりの量のビットコイン（数千億円規模？）を所有しているはずなので，今となって名乗り出るのが難しいのは理解できる．

さてビットコインの原理である．それは上でミーハー的と言ってしまったが，確かに一言で言うならそのとおりであって極めてシンプルである．麻雀の点棒とか，人生ゲームの紙幣を思い浮かべてほしい．これらのゲームでは一回の対戦の中で何回もお金（点数）をやり取りする．最後に持っているお金の量がその人の成績となる．麻雀の場合ならゲームは 4 人で戦われ，一回のゲームでは 20 局くらいの対戦がある．つまり点棒の移動が 20 回くらい生じるのである．1 局で移動する点数は，勝利した人の上がり方の良さに応じて，1000 点から 1 万点の間くらいに分散していて，ある人から別の人に単純に移動したり，複数の人から 1 人に移動したりと結構複雑である．よって，点棒（100, 1000, 5000, 1 万と種類があって便利にできている）をお金に見立てて一局ごとに清算するわけである．しかし，ベテランともなればそんな点棒のやり取りなどという面倒なことはしない．一回の点棒の動きはもちろん場の 4 人全員が知っているのであるから，要するに点棒の動きを全部憶えておけばよいのである．将棋の大山名人は生涯のほぼ全対局の棋譜を憶えていたというくらいだから，20 回くらいの点棒の移動を記憶するくらい，ベテランにとっては朝飯前である．

ビットコインも同様である．お金の動きを全部公開してしまうのである．今，全員が全員の持ち金を把握していると仮定する．ある日私がセブンイレブンで 160 円のジュースを買えば，私からセブンイレブンの何々店に 160 円（もちろんビットコインの単位で）払ったという事実をメールでネットに公開する．そうすれば麻雀の点棒と同じ原理で，参加している全員が私の現在の持ち金を更新できる（以前の持ち金 −160

154

第 11 章　ビットコインの素晴らしさ

円）という原理である．この単純な原理が二つ目のテーマ，つまり反権威に大きく貢献することがお分かりであろう．我々が普段利用している紙幣は日本銀行券であり，日本銀行という権威がなければただの紙切れである．クレジットカードで通販から買い物をするというのも VISAという権威を信用しているからできるのである．こうした信用できる権威が存在しない環境に住む人や，存在するが嫌いだから頼りたくないという人はかなり多く，そういった人たちがビットコインを支持しているのである．

さて，ここからがそのメカニズムである．お金の流れを全て公開するなど所詮夢のような話だと思うのが普通である．直ちに，いくつかの疑問がわく．

（1）集団が 1 億人いるとしよう．誰でも日に 1 回くらいは買い物をするであろうから，日々のお金の動きは膨大なものになるであろう．データの量が多すぎて非現実的ではないか．

（2）今，私がいくらのお金を持っているかは最重要のプライバシーである．それを全員が知ってしまうというのはとても耐えられない．

（3）私がセブンイレブンに 160 円払ったとメールで公開すると言ったが，本当に皆が正直に事実だけを公開するだろうか．セブンイレブンの場合は，払ったというデータが店に来なければジュースをもらえないので問題なさそうである．しかし，例えば私が仲の悪い田中さんに成り済まして，田中が岩間に 1 万円払ったというメールを公開してしまう（田中さんのメールアドレスは当然知っているので初歩的ハッカーでも簡単にできる）．安全性はいかに保証するのであろうか．

（1）は大きな問題ではないことが，すぐに分かる．今日の IT 技術は凄まじいものがあって，この程度のデータ量を扱うのはまったく問題ない．グーグルの検索は 1 日で何十億というレベルである．しかし（2）の匿名性と（3）の**安全性**は強敵である．ビットコインは**計算困難性**を利用して，この二つの問題を見事に解決したのである．以下では，ビットコインが頼りにする二つの重要な部品を説明する．

155

公開鍵暗号が一つ目の，かつ最も重要な部品である．これは少なくとも名称はご存知の方が多いであろう．かなり以前から実用化されていて大きな問題も起きていないので，確立された技術であると言ってよいであろう（量子計算機でこの暗号系が破られてしまうという結果が大いに世間をにぎわせた）．私が田中さんに暗号メールを送りたくなった時は田中さんのホームページに行って，そこに書いてある**公開鍵**（誰でも見られる）を調達する．公開鍵は二つの数字からなり，田中さんの場合 (3, 85) と書いてあった．私が送りたいメッセージは 43 である（単なる数というのは違和感があるかもしれないが，どうせ文章は 2 進列に直せるし，2 進列はある意味で数であるから当面気にしないことにする）．私は送りたい 43 を公開鍵の前半の数字 3 を使って，3 乗する．そして，後半の数字 85 で割った余りを彼に送る．つまり $43^3 \bmod 85 = 32$ である 32 を暗号文として送るのである．この 3 乗と mod（割った余り）という演算の組合せは元の数をかなり出鱈目に変えてしまう．例えば，6 は 46 に，7 は 3 に暗号化される．電卓で確かめてほしい．

　　さて，田中さんは送られてきた暗号文 32 を見て元の数（元の文章）を復元したい．その作業を可能にするのが自分だけが知る**秘密鍵**なのである．今の場合，田中さんの公開鍵 (3, 85) に対する田中さんの秘密鍵は 11 である．田中さんがするのは，上と同じように 32 を 11 乗してから mod 85 を行う．見事に 43 が復活した（電卓で検算する場合は，32 を 11 回掛けるのであるが，一挙にやると桁あふれを起こすかもしれない．その場合は，まず 2 乗して mod 85 演算を行う．次にその結果をまた 2 乗して mod 85 演算を行う．さらにその結果を 2 乗して mod 85 演算を行う．ここまでで，8 乗して mod 85 演算が計算できた．その後で 32 を 3 乗して mod 85 を計算して，前の 8 乗の値と掛け合わせて mod 85 で最終的な答えを得る．このように，間に mod 演算を挟んでも結果は変わらないことが知られている）．他の暗号文も，例えば 46 を 11 乗してから mod 85 で 6 が復活し，7 も 3 から同様に復活する．こ

のように累乗の場合は，2乗してその2乗，さらにその2乗のように倍々でやれば比較的簡単に計算できる．仮に1000乗であっても今時の計算機であれば瞬時である．

それでは，この秘密鍵・公開鍵のペアはどのように作るのであろうか．これは少し数学が絡んでくるのであるが，それほど難しくはなく，その辺のアプリを使えば簡単に生成できる（際限なく，いくらでも簡単に生成できる）．生成したあとに公開鍵だけを公開して，秘密鍵はバレないように隠しておく必要がある．秘密鍵がバレない限り暗号として安全であることの根拠に計算の困難性を使うのである．暗号化する時に私がやったことは送りたい数を3乗しただけであるから，結果の32の3乗根を取れば（秘密鍵を使うことなしに）誰でも元の数を復活させることができる．しかし，上で見たように，累乗のほうは比較的簡単な計算であったが，逆の累乗根は代表的な計算困難問題なのである．実はmod演算をするというところが重要で，こうしてしまうと，たとえ平方根でさえも求めるのが困難になる．今まで何度も出てきているように，計算困難問題に対しては，（逆演算が易しいことを利用する）検算方式以外にうまい方法が知られていない．上の例で言えば，1から85までの数に対して3乗してmod 85演算をして32になるかどうかを調べるしかない．鍵ペアに使われる数は何百桁という大きな数であるから，このような総当りの検算方式で累乗根を計算するのは到底不可能である．

暗号的ハッシュ関数が二つ目の部品である．以下では
単に**ハッシュ関数**と呼ぶが，これも絶対に避けては通れない重要な部品である．表面的には，単にある数 x から別の数 y を出す関数 $y = h(x)$ のことなのであるが，以下のような性質を要求される．まず，x と y は数であると言ったが，その長さ，つまり桁数に特徴がある（2進数を頭に置いているので，数というより0と1の列と考えたほうがよいかもしれない）．x の長さは制限されないが，y の長さは決まっていて，例えば常に64桁である．つまり，関数 h は，任意の長さ（例えば，長さ5932）の2進列を64桁の2進列に変換する関数である．ハッシュ関数

であるから当然，偏り（異様に多くの異なった y の値が x の一つの値に移される等）があってはいけないが，それ以外に要求される性質が2点ある．（1）入力 x と x' の違いがたとえ1ビットであったとしても，出力される $h(x)$ と $h(x')$ はまったく似ていない（つまり，半分程度のランダムな位置でそのビット値が異なっている）．（2）x から $h(x)$ を計算するのは簡単であるが，逆に $h(x)$ から x の候補（x は一意ではない）を推測するのが困難である（これも広義の計算困難性であって，推測には総当り検算しか使えない）．

　（1）に関してそれが何を意味するのか少し見てみよう．例えば32ビットの列 x を8ビットの列 y に直すことを考えよう．ある場所，例えば最後の8ビットのみを取って y にするなどというのは論外である．その場所以外の x のビットが変わっても y はまったく変化しないからである．32ビットを8ビットずつ区切り，それらを数と見なして和をとってその答えを y にするというのは少しましである．32ビットの数として，

11100110101100010101001111100010

11100100101100010101001111100010

の二つを考えてみよう．前から7ビット目のみが異なっている．図11.1の（1）が第1の列を8ビットずつ区切ってそれらを足し合わせたものである（9ビット目以上への繰上りは無視）．同図の（2）が同じことを上の第2の列に対して行ったものである．結果の8ビットを比較すると，下の4ビットに関しては，まあまあ出鱈目になったように見える．しかし，繰上りが4ビット目で止まってしまったので，それから上はまったく同じになってしまった．次に（3）を見てほしい．これは，1行目の1の個数を見て，それが奇数なら2行目と4行目の0と1を反転させるというルールを追加した．上の第2の列の場合は最初の8ビットにおける1の個数が偶数なので，反転は生じない．つまり，図の（2）のままである．しかし第1の列の場合は（3）に示されるように，2行目と4行目の0/1が反転されて，結果も異なってくる．（2）と（3）

第 11 章　ビットコインの素晴らしさ

(1)	(2)	(3)
1 1 1 0 0 1 1 0	1 1 1 0 0 1 0 0	1 1 1 0 0 1 1 0
1 0 1 1 0 0 0 1	1 0 1 1 0 0 0 1	0 1 0 0 1 1 1 0
0 1 0 1 0 0 1 1	0 1 0 1 0 0 1 1	0 1 0 1 0 0 1 1
1 1 1 0 0 0 1 0	1 1 1 0 0 0 1 0	0 0 0 1 1 1 0 1
1 1 0 0 1 1 0 0	1 1 0 0 1 0 1 0	1 0 1 0 0 1 0 0

図 11.1　暗号的ハッシュ関数

の結果を比べると，結構，出鱈目に違っているように見えるではない
か．同様のことを，他の行の 1 の奇遇に関しても行い，結果をさらに
足し合わせる，などということを考えていくわけである．簡単なパズル
のようなものなので，暇な時に満足のいくうまいやり方を探してみるの
も面白い．暗号的ハッシュ関数に関してはかなり研究が進んでいて，ほ
ぼ問題ないという方式がいくつか提案されている．

　ビットコインの原理を手抜きせずに解説する準備がよ
うやく整った．まずは，匿名性の実現に関して見ていこう．私が田中さ
んに 1500 円支払った時に，そのことを申告することであるが（原理的
には全員に知られる），「岩間」とか「田中」を表には出したくない．
そこで利用するのが公開鍵暗号である．つまり，私は自由に公開鍵・秘
密鍵ペアを生成して，その公開鍵のほうを私の「財布」として公開する
（とは言っても，財布の持主の名前まで言いふらす必要はない）．もちろ
ん，1 人が複数の財布を持ってよい．田中さんも同様に財布の番号を公
開しているので，私が申告するのは私の財布 A から田中さんの財布 B
（私が A，田中さんが B を使うことは事前に打合せ済み）に 1500 円払
ったという取引，つまり $(A, B, 1500)$ というデータ，を公開するので
ある．A も B も単純な 2 進列なので私とか田中とかが第三者にバレる
心配はない．しかしもちろん，私の財布の番号は田中さんにはバレる．
したがって，色々な人間関係の絡みで，絶対に第三者にバレないという
保証はできないかもしれない．重要なのは同じ財布を何回も長期間に渡
って使わないことである．パスワードと同じで新しい財布をどんどん作

159

っていくのが良い.

　銀行の口座でも口座番号としてランダムな数字の列を使っているか
ら, 同様に匿名性が保たれているではないかと仰るかもしれないが, 基
本的な違いがある. それは銀行の口座番号とその人間との関係は, 銀行
には完全に知られてしまっていることである. そのため, 銀行が協力す
れば闇預金もバレてしまって脱税が簡単に摘発されてしまうのである.
同様にマイナンバーを使うのもプライバシーの秘匿にはまったくなって
いない (お上に筒抜けである). アプリを引っ張ってきて, 自分で番号
を生成するところがミソなのである. 皆が勝手に鍵ペアを生成すると偶
然同じものが2か所以上で出てくるのではないかと心配するかもしれ
ないが, 杞憂である. 鍵は何百何千ビットと長いし, アプリは上手に乱
数を使っているのでその心配は無用なのである. 初期の関係者で大量の
ビットコインを抱えている人が結構いるらしいが, こういった仕組みで
守られているのである. ビットコインの反社会性を危惧する解説も多く
見受けられるが, ここでは深入りしない.

　こうして匿名性の問題は解消した. 次が安全性の問題である. 私が
田中さんに1500円払うというのは何か事前のやり取りで合意したから
に違いない. したがって, もし私が1000円しか払わなかったら
$((A, B, 1000)$ を公開してしまう) 田中さんは約束が違うと怒りだす.
つまりこんな間違いはないと仮定してよい. 問題なのは, 前も言った
ように, 私 (岩間) 宛てに誰かの財布からお金を盗んでしまうような不
正である. 例えば今, 私は田中さんの財布 B に1500円払ったばかりで
B には2万円もある (全部公開なので残高はもちろん見られる), そこ
で, 田中さんに内緒で $(B, A, 5000)$ という取引をねつ造して (田中さ
んを騙った) メールで公開してしまうのである (別に田中さんの財布で
なくても, その辺にいくらでもころがっている適当な財布で構わない).
田中さんはいずれ気づくかもしれないが, その時は時効になってしまっ
ているかもしれないし, そもそもこんな馬鹿げた不正の可能性があった
ら, そんなシステムはとても使えない.

　ここでも公開鍵暗号が大きな役割を演じる. 上で (真面目なほうで

160

第 11 章　ビットコインの素晴らしさ

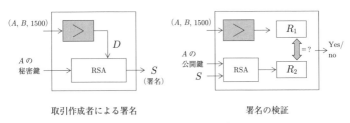

図 **11.2**　架空取引の防止

の) 公開する内容は $(A, B, 1500)$ であると言ったが，本当はそうではなくて，$(A, B, 1500)$ と S の組である．ここで S は**署名**と呼ばれる，これも 2 進の列であり，取引の出所を保証するためのものである．この S の作り方とその利用法は少し複雑なので図 11.2 を見てほしい．署名の作成は図の左で，送りたい取引データ $(A, B, 1500)$ をハッシュ関数（図では＞で表している）にかけて，2 進列 D を得る．それを岩間の（というより A の）秘密鍵を使って暗号化したのが署名 S である．普通の暗号化では情報を送る相手の公開鍵を使って暗号化したのであるが，署名では自分の秘密鍵を使う．しかし公開鍵と秘密鍵の性質から（説明は省く）公開鍵と秘密鍵は対称性があることが分かり，そのいずれかを暗号化に使い，他方を復号化に使うことができるのである．取引データ $(A, B, 1500)$ と署名 S が送られてきたら，それが本当に岩間が発したものであるかどうかは図の右のように判定する（これは誰でもできることに注意）．つまり，署名を A の公開鍵で復号して元の列 D に戻す．また $(A, B, 1500)$ を同じハッシュ関数にかければ当然，列 D が得られる（ハッシュ関数は全員が同じものを使用する）．このようにレジスタ R_1 と R_2 の値（列）は同じになるので，私が（A が）発したものだと確信することができる．これが署名の検証，すなわち取引の認証である．副産物として，取引データを公開する過程での悪意や事故による改ざんも防止できる．なぜ $(A, B, 1500)$ を直接暗号化しないで，ハッシュ関数をかけるのであろうかと疑問を持たれるかもしれない．詳細は省くが，簡単に言えば，公開鍵暗号は累乗とかの演算があるので，長い列の暗号化には向かないからである．

161

私が田中さんを騙ってまったくのねつ造である $(B, A, 5000)$ を公開しようとした時に何が起こるか見てみよう．このデータ $(B, A, 5000)$ に対する署名が必要になるが，そのために必要なのは，私の秘密鍵ではなく田中さんの（B の）秘密鍵である．しかし，もちろん私は B の秘密鍵を知らないので，署名を生成できないことになる．それでもなお，秘密鍵は単に一定の長さの 2 進列であるから，適当に想像して上のシステムにかければ署名らしきものは得ることができる．しかし，正しさの判定のときに，レジスタ R_1 には正しい値 D が入るが，R_2 には出鱈目な値しか入らない．それらの値が（偶然）一致する可能姓は無視できるくらい小さいので，嘘がバレてしまうのである．署名，押印，花押などは古くから使われているが，デジタルでも同じことが一層完璧な形でできるというのは素晴らしいことである．

安全性に関してはもう一つ考える必要がある．例えば，私がアマゾンから 2000 円の本を買って，ビットコインで支払ったとする．アマゾンは入金を確認して私に本を送ってくる．しめしめである．そこで私はいったん公開した 2000 円という取引を 800 円に変えてしまう．これは少しハッキングの技術があればできそうである．というのも，公開された取引の全ては（比較的安全とされる）分散データベースとしてネットワーク上に蓄えておく必要がある（最も基本となる台帳のようなものである）．利用者はそれを見ることによって，自分や他人の財布の残高などを知ることができる．ここでも，権威のある第三者は仮定しないで台帳の安全性を確保しないといけない．

ここでも計算困難性を利用する．図 11.3 のような**ブロックチェイン**と呼ばれるデータ構造で取引の保存とともに「取引の確定」という作業を行う．これは，例えば 5 分おきに，それまでの 5 分間に現れた取引を確定させる，つまり変更ができなくしてしまうのである．その仕組みには長い列を短い列に直すハッシュ関数が極めて重要な役割を演じる．利用するデータは，その 5 分間の取引の全てのデータ Z_i，さらに前の 5 分間の取引に関するデータ D_{i-1}，それに**プルーフ**（後述）と呼ばれ

第 11 章　ビットコインの素晴らしさ

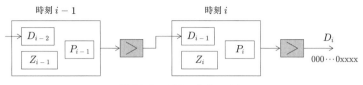

図 11.3　ブロックチェイン

るデータ P_i である．この三つのデータを（つなげて一つにして）ハッシュ関数に入れることによって，次の 5 分間に引き継ぐデータ D_i を作り出す．この D_i が正にチェイン（針金でつなぐという意味）の役割をして，システムが始まってから今までの全てのデータが後ろまで影響するのである．

　ではプルーフとは何であろうか．これは，Z_i，D_{i-1}，P_i をハッシュ関数に入れて D_i を作るときに，その D_i の上位の一定数（k とする）のビットが全て 0 になるような P_i のことなのである．前の図 11.1 の例で言えば，4 行目の 8 ビットの列をうまく選択して，結果の 8 ビットの前の 3 ビットが全て 0 になるようにすることである．暗号的ハッシュ関数では，出力の値から入力の値を推測することができない，つまり，D_i の上位 k ビットが 0 になるように P_i を調節することは総当り検算しか方法がない．したがって膨大な計算を必要とするので，いったんこのような P_i を見つけて確定させてしまえば，取引である Z_i を書き換えてそれに合うように P_i を調整し直すということは常識的な計算能力では到底不可能である．それでは，プルーフを見つけ出すこと自体が不可能ではないかと思われるであろう．そのとおりで，単独の計算機では到底できない．よって，多くの人（このビットコインシステムを支えている人と言っていいであろうが，本質的にはボランティアである）が協力して多くの台数の計算機を同時に動かしてこのプルーフを計算するのである．悪者も異なった台帳（ブロックチェイン）を作ろうと，チームを組んでこの本当の台帳の途中を書き換えてプルーフに整合性を持たせるかもしれない．すると偶然成功して一時的に複数の台帳が生じてしまうが，5 分おきのこの作業をいつまでも続ける計算能力をこの悪玉チームが有することはありえない．よって，不正な台帳は伸びが続かなくな

って結局は淘汰されるのである．ビットコインの基本的ルールは，複数の台帳が存在する場合は，（当然，上のルールに合わないものは除外して）最も長いものを使うことと決められている．

　膨大な計算量であるから，電気代だけでも馬鹿にならない．よって，このプルーフを計算する人（善玉グループ）には，その計算が成功したときに「ご褒美」を出すことでこのボランティア作業に対するインセンティブにする．ご褒美は当然ビットコインで支払われる．そのメカニズム（第三者を必要とせず，かつ不正ができないようなもの）は結構ややこしいが，まぁとにかく成功した人の財布に，なにがしかの新しいビットコインが入ってくる．このプルーフ計算によるご褒美はマイニングと呼ばれている．これは，正に金を掘り出して通貨の量を増やしていくという（昔の，例えば江戸時代の）貨幣制度の仕組みそのものである．こうして通貨の増加が経済の発展とうまくバランスするように，つまりインフレになったりしないように，上のご褒美の量と（k によって決まる）計算量との兼合いを調整できるようになっている．見事なものである．

　IT 技術の凄さや怖さが分かっていただけたであろうか．世の中は犯罪に満ちている．犯罪は，もしそれで罰せられることがなければ，たいていの場合，得をもたらすからである．よって，そんなやり得を防ぐために権威が必要になってくる．日本銀行券を偽造すれば，最高無期刑もありうる．見てのとおり，ビットコインの最大のウリは，権威を全く必要としないことである．では犯罪はというと，何重にも理論的にガードされていて，また，しても得にならないようにシステムがうまく作ってある（上の台帳の偽造でも，それだけの計算をするのなら善玉グループに入ってご褒美をもらうほうがずっと賢い）．犯罪をしても得にならないようにシステムができていれば，する人はいない．よって警察も必要ない．ビットコインはこんな天国を作り上げたのである．しかし，もちろんシステムの外側では何が起こるか分からない．すぐ起こりそうなのはマイニング詐欺である．「100 万の計算機を買ってチームに入ればマイニングの分け前が毎日最低でも 1 万円入金されます」などといって，二束三文の計算機を売りつけられてしまうのである．

第12章
P対NP問題：ノーベル賞以上？

　京大の正門を少し東に行ったところに吉田神社という，あまりぱっとしない神社がある．しかし，年に一度，2月の初めにこの神社は凄いにぎわいになる．節分である．こればかりは観光客関係なしで，ほぼ地元の人である．毎年必ず行くという人も珍しくない．3日間のお祭りの初日の夜に，メインイベントである追儺式（鬼やらい神事）が行われる．これは，何人（何匹）かの鬼が現れて張子の鉄棒を持って暴れるが，結局，方相氏と呼ばれる，今で言えばお巡りさんのような人に追い払われてしまうという儀式である．鬼が暴れる舞台の辺りは非常に混雑して，私も何回か行ったが，見ることができなかった．通に聞くと，鬼は神社の上のほうの吉田山の頂上付近にある小さなお稲荷さん（竹中稲荷）のところで準備をしてから，下の神社に下りてくるのだそうである．そこで神事の30分ほど前に，回り道をしてその稲荷社に行ってみた．いるいる，鬼が3人ほど既に扮装ができて，タバコを吸っている鬼もいる．知り合いらしい人と冗談を言ったりしてリラックスした雰囲気である．開始10分ほど前に，掛け声を上げていよいよ出発である．細い道を下の会場まで下りていくのを，私も含めて十数人がついていく．しかし，途中から凄い人になって，今回も結局，会場まではたどり着けず，河道屋で年越し蕎麦を食べて帰ってきた．この屋台の蕎麦屋は有名で，私が学生のころ，先生が研究室に来られて，皆さん年越し蕎麦を食べに行きましょうということになった．私は初めての経験で，プラ

165

スチックのお椀に入ったかけ蕎麦に確か 500 円とられ，びっくりして
しまった．私は結構，蕎麦にはうるさいので，「えー，この蕎麦が 500
円ですか！」と口を滑らせてしまうと，先生に「これは縁起物です」と
真剣に怒られてしまったのを今でもよく憶えている．

　ところで，鬼とは何であろうか．桃太郎の鬼退治の鬼だと言われても
結局どんな存在なのかよく分からない．「よく分からない存在」だから
こそ，毎年退治されても次の年にはまた出てくるのであろう．そもそも
「鬼」が本当に存在するのかどうかも分からない．存在するなら，捕ま
えてくれば証拠になるが，存在しないことを証明せよと言われたら困っ
てしまう．実は，ここのところがこの章のテーマの一つで，何かが存在
しないことを証明するのは難しいのである．今，2017 年の春であるが，
トランプ大統領が大いに物議をかもしている．ツイッターを駆使して言
いたい放題である．当選直後は，「何百万もの不正投票がクリントン候
補に流れた」とツイートし，今度は「オバマ大統領が選挙戦終盤に自分
のトランプタワーを盗聴していた」と宣う騒ぎである．いずれも，大統
領ともあろう人がそんな重大事を確たる証拠なしで発言するとは何事
か，と多くの識者に非難されているが，どこ吹く風である．しかし，よ
く見てみるとなかなかのやり手であることが分かる．いずれのクレーム
も，それを否定するためには「なかったことを」証明しないといけない
のである．なかったことの証拠を出すのは大抵の場合，困難である．

　この章のもう一つのテーマはシミュレーションである．シミュレーシ
ョンとは何かを模倣することで，例えば人の模倣が人型ロボットであ
る．これも学生の時であるが，研究室の昼食会でからくり人形の話にな
った．先生はとても詳しくて，室町の後期から江戸の前期にかけて京都
の公家社会で流行したとのことである．技術的にはかなり高度で，例え
ばお茶を運ぶ人形のことを説明してくれて，どこどこの博物館（残念な
がら憶えていない）に行けば実物を見ることができると言われた．後日
に行ってみると，ゼンマイ仕掛けで，本当にお茶の入った茶碗を運んで
くる．茶碗を取ると止まって待っている．お茶を飲んで茶碗を人形の手
の上に戻すと再び動きだし，何と U ターンをして帰っていくのである．

第 12 章 P 対 NP 問題：ノーベル賞以上？

先生は計算機の原始的姿であると大いに強調されていた．この技術が名古屋に伝わって，名古屋がからくり人形の中心地になり，それが最終的に零戦の名古屋工場やトヨタのもの作りにつながったというわけである（若干，眉唾ではあるが…）．

京都の企業でも，結局主要な技術はシミュレーションだという会社が多い．任天堂のファミコンは言うまでもない．私のサークルの仲間がオムロンに就職して，ある時に自動改札機の開発の話をしてくれた．これも結局は切符を切る職員のシミュレーションである．私も子供のころをよく憶えているが，ベテランの改札員の仕草は見事なもので，常にカチャカチャとハサミを動かしていて，切符を渡すとそのリズムを全く崩さずにカチャッと切ってくれる．中には渡さないで自分で持ったままハサミのところに持っていく人もいて，そうするとそのまま切ってくれるので早い（格好いいので私もやっていた）．とにかくラッシュ時のスピードはかなりのもので，自動改札の最大の問題がそのスピードだというのである．常識的に考えつくのは，普段は閉まっていて切符や定期を入れると 1 人ずつその仕切りが開くという方式だが，それではとても人間改札員並みのスピードが実現できない．色々考えた結果，逆の発想，つまり普段は開いていて何か問題が起こったときに閉まるという構造を思いついて，それで何とか要求された処理速度を実現できたということを熱っぽく語ってくれた（もちろん，他にも，前後の人の判定，子供切符の扱い，等々困難の連続だったらしい）．

P 対 NP 問題

は聞いたことがあるという読者が多いであろう．おそらく最も有名かつ重要な未解決問題で，それは計算機科学にとどまらず，数学分野においても同様の地位にあると言われている．P と NP は共に問題の種類を表している．「問題」に関しては今までに何回も出てきているので大丈夫であろう．第 1 章では最短経路問題，第 2 章ではビン詰め問題，第 3 章では分割問題，等々を見てきた．今まで，あまり積極的には言ってこなかったが，この章のために，もう少し問題を正確に定義しよう．我々の（具体的な一つの）問題は無限の**例題**から

167

なっている．（一つの問題である）分割問題であるなら，例題は整数の集合である．さらに個々の例題に対する答えは**イエスかノー**であると制限する．分割問題であるなら，与えられた整数の集合が和の等しい二つのグループに分けられるかどうかなので，確かに答えはイエスかノーである．ビン詰め問題ではできるだけ少ないビンに詰めるということで，イエス・ノーではないが，そういう場合は例題に別の整数 k を追加して，k ビン以下で詰め込みが可能かどうかというように問題を少し変形する．

さて，**P** は効率良く解ける問題の**クラス**を示す（クラスという言葉を使ってしまったが，集合でもいいし，グループでもいい．要するに，ある一定の範囲の問題のことである）．「効率良く」は，入力長 n に対して，$n \log n$ とか n^2 といった**多項式の時間**で解けることを意味する．例えば，第 7 章で見た分割問題の変形である部分集合和問題を思い出してほしい．与えられた整数の集合から適当な部分集合を取り出して，その中の数の総和が指定された値 M にできるかどうかという問題である．例題の各整数が 100 以下という制限を満たすなら，この問題は動的計画法で解ける．与えられた n 個の整数の合計は $100n$ 以下であるから，M は当然 $100n$ 以下である（そうでなければ直ちにノーと言えばいい），つまり，前の動的計画法のアルゴリズムの各ステップで，今までの整数を取捨選択して実現可能な和を全部記憶する時に，$100n$ までで十分なので，100 を単に定数と見れば，cn^2 時間のアルゴリズムが設計できる．ここで，c はある定数であるが，計算機の細部に影響されて面倒なので，業界ではこの定数を無視する．これからは単に「n^2 のアルゴリズム」という言い方をするかもしれない．n^2 のアルゴリズムなら，たとえ n が 1 億くらいになっても，まったく問題ない．

次に **NP** であるが，これは少し説明が面倒である．上で見た部分集合和問題であるが，各整数の大きさに制限がない場合は動的計画法は使えない（というか，使っても効率良くは計算できない）ことを第 3 章や第 7 章で言った．しかし，そのように難しい場合でも，答えがイエスになる場合であれば，和が確かに M になる部分集合を**証拠**として出

第 12 章　P 対 NP 問題：ノーベル賞以上？

せばよい．重要なことは，本当に正しい証拠であるかどうかの検証は，
実際全部足して M になっているかどうかを調べればよいので明らかに
多項式時間でできる（例えば，n 桁の数 n 個の和を求めるのは n^2 程度
の計算時間で十分である）．次に総和を M にする部分集合が存在しな
い場合である．もちろん，正解はノーであるが，その正しさをどう検
証したらよいであろうか．ここが正に，この章の最初に言った「ない
ことを証明するのは難しい」なのである．もちろん，有限の世界なの
で，全部の可能性を試す，いわゆる総当り検算でやればできないことは
ない．しかし，それは全ての部分集合を調べてみないといけないので，
入力（例題）が n 個の整数なら 2^n の時間がかかってしまうのである．
NP はこのような性質を持った問題のクラスなのである．より正確に言
うと，クラス NP に属す問題は次の性質を満たす．つまり，答えがイ
エスの場合はある証拠が存在して，その証拠が本当に正しいかは簡単に
（多項式時間で）チェックできる．しかし，答えがノーの場合（正解が
ない場合）に関してはどんな特別の性質も要求しない（総当り検算でで
きるのは当たり前なので特に言う必要はない）．

　イエスの時に容易に検算できる証拠があるという性質は，どんな問
題でも満たす性質ではない．例えば，13 手詰めの詰め将棋を考えてみ
よう．イエスの場合に 13 手の詰め手順を出して，これが答えだと言っ
てもその検証は簡単ではない．つまり，詰め将棋は相手が何をしても詰
めなくてはならず，単に一つの手順を出しただけではそのことが考慮
されていないからである．つまり，イエスの場合に容易に検算できる証
拠が存在するという NP の性質は NP の問題が（将棋などと比べれば）
そこまで難しい問題ではないことを意味している．

　もう一つの注意は，例題の答えをイエス・ノーに制限したことであ
る．この制限は，実は本質的な制限ではない．つまり，イエス・ノー版
を解くアルゴリズムから（イエスの場合に）答えを求めるアルゴリズム
が簡単に作れるからである．部分集合和問題の場合で見てみよう．イエ
ス・ノー版のアルゴリズムを A（時間はかかるかもしれないが，常に
イエスかノーを正しく出力する）とする．今，入力（例題）の整数を，

169

$$i_1, i_2, \ldots, i_n$$

とし，合計 M の部分集合そのものを（もしあるなら）求めたい．まず A を $i_1, i_2, \ldots, i_n$ に対して適用する．ノーなら終わりである．イエスであったら，次に i_1 を除いた $i_2, \ldots, i_n$ に対して A に聞く．イエスなら，i_1 は必要ないので捨ててしまう．ノーなら，i_1 が正解の一部であることが分かるので，$i_2, \ldots, i_n$ に対して，合計が $(M - i_1)$ である部分集合を求める問題に変わる．いずれにしても，整数が 1 個少なくなるので，最大でも n 回繰り返せば正解が求まる．A よりも n 倍ほど余計時間がかかるが，今の焦点は多項式時間かどうかなので気にしなくてもよい．

　まとめると，問題が P に入るなら，例題がイエスの場合もノーの場合も多項式時間で計算できる．問題が NP に入ってはいるが P には入っていないなら，どちらも（効率良くは）できない．唯一，効率良くできるのはイエスの場合の（与えられた）証拠の検算だけである．証拠は問題の答えそのもの，つまり和が M になる整数の集合や，あるビン数以内での詰め方，と考えて問題ない．なお，P に入る問題は，イエスの場合の答えが，検算どころか求めるのも多項式時間でできるので，当然 NP にも入る．つまり，P と NP の集合的な関係は図 12.1 のようになっている．

　ノーベル賞級とまで言ってしまった P 対 NP 問題とは，このような NP には入るが P に入らない問題が実際に存在するかどうかを問う未解決問題である．部分集合和問題が正にそれではないかと思われるかもしれないが，それは違う．多項式時間アルゴリズムの発見は誰も成功していないが，それが存在しないことも証明できていない（何度も言っているが「ない」ことを証明するのは難しい）．「今の時点で分かっていない」だけで将来凄いアルゴリズムが出てくるかもしれないのである．P 対 NP 問題が決着すれば，それは間違いなくノーベル賞以上のニュースになる．この有名な問題が正式に定式化されたのは比較的新

第 12 章　P 対 NP 問題：ノーベル賞以上？

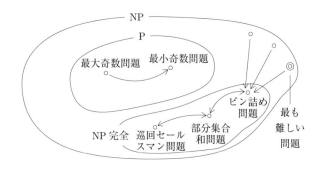

図 **12.1**　クラス P とクラス NP

しく 50 年くらい前である．しかし，潜在的には 200 年以上の歴史を持っているらしく，ゲーデルをはじめ何人もの高名な数学者が意識していたと言われている．

　P 対 NP 問題の決着もまたイエス（NP に入るが P に入らない問題が存在する）かノー（存在しない）である．ここでも，存在しないことを証明するほうが困難だという主張に従えば，イエスの決着のほうが易しそうである．例えば，部分集合和問題がそのような問題であると証明すればよいのである．候補は部分集合和問題，巡回セールスマン問題，ビン詰め問題といくらでもある．しかし，アタックするなら NP の中でも最も難しい問題，つまり図的に言えば図 12.1 で P の境界からできるだけ離れた問題でトライするのがよさそうである．ここで，本章の第 2 のテーマであるシミュレーションが登場する．シミュレーションの意味を簡単な例で説明する（簡単すぎて面白くないが，お許し願いたい）．今，4 桁の数が多数与えられて，その中の最大の数が奇数であるかどうか判定したいとする．しかし，利用できるのは「最小」の数が奇数かどうかを判定するプログラム B しかないとする．しかし，この B を利用することは簡単で，全ての数を 10000 から引いて，新しい入力を作って B を走らせればよいことは簡単に分かる．つまり，最大数奇数問題を最小数奇数問題でシミュレートしたのである．これを図 12.1 では一方の問題から他方の問題に矢印を引くことによって表した．

　1970 年ごろから，NP の問題間でもこのようなシミュレーションが

可能であることが分かってきた．問題 P が問題 Q をシミュレートできるなら，P のほうが一般性が高い，つまりより難しい．例えば上の例とまったく同じように，巡回セールスマン問題の例題を，イエス・ノーの答えを保存して部分集合和問題の例題に（簡単に，つまり多項式時間で）直すことができるのである（入力の形が，一方はグラフで他方は整数集合で全然違うので最初は信じられないが，できるのである）．それどころか，NP の問題の中には他の「全ての」NP の問題をシミュレートすることのできる **NP 完全問題** と呼ばれる，NP の中で最も難しい問題が存在することが証明された．さらには，そのような NP 完全問題は多数存在すること（つまり，図 12.1 のようにグループをなすこと）も示された．例えば，これまで出てきた部分集合和問題，巡回セールスマン問題，ビン詰め問題は全て NP 完全問題なのである（したがって，図のようにそれらの間でシミュレーションも当然可能である）．ということで，P 対 NP 問題の解決には，適当な（最も攻めやすい）NP 完全問題を一つ選んで，それが効率良く解ける（NP の問題は全て，その NP 完全問題に多項式時間で直せるので，P=NP）か，解けない（当然 P≠NP）かを示せばよいことになった．適当に攻めやすそうな NP 完全問題を選んで，多くの研究者が協力してその問題を攻めれば何とかなるのではないかと大いに盛り上がった．しかし，やっていくうちに，この期待が甘かったことが段々と分かってきて，結局それ以来，この世紀の未解決問題に対する本質的進展はない，というのが業界の共通認識なのである．

ここでこの章を終わりにしてもよいのであるが，せっかくなので，NP 完全問題がいかにして全ての NP の問題をシミュレートできるのかをもう少し具体的に説明したい．まずは，「全ての NP の問題」である．NP 問題は限りなくあるので個別にアタックしていくのでは切りがない．この困難は，NP 問題を解く「プログラム」を考えることによって解決できる．プログラムなら，ある特定のプログラミング言語で，許される命令だけを使って書いてあるので，問題個々の特色を消してしまうことができる．つまり，「任意のプログラム」を考えて，それがある

172

第 12 章　P 対 NP 問題：ノーベル賞以上？

特定の問題（NP 完全問題）でシミュレートできることを示せばよい．実はこのプログラミング言語は普通のものとは少し違う．というのは，「答えの候補が与えられれば，それが正解かどうかを効率良く判定できる」という NP 問題の特徴をその言語の中に取り込む必要があるからである．この部分は少し厄介なのであるが，単に普通のプログラムをシミュレートするのであってもその感じは出せるので，詳細には立ち入らないことにする．ある特定の NP 完全問題としては，論理式の**充足可能性問題（SAT）**を取り上げる．これが最初に証明された NP 完全問題であり，その後で，部分集合和問題等々の NP 完全性が次々に証明された．この SAT が任意のプログラムをシミュレートできるという強い一般性を有していることを説明したい．

　まずは論理式から説明しよう．これは多くの人がご存知であろう．一番原始的な命題論理式である．例として以下の論理式を見てみよう．

$$f = (xy \vee \overline{x}z)\overline{((x \vee w) \vee y)}$$

論理変数として，x, y, z, w の四つがあって，それぞれ値としては真か偽の値をとる．ここでは真を 1，偽を 0 で代用することも多い．演算は論理和（どちらか一方でも 1 なら 1．$\vee$ で表される），論理積（両方とも 1 のときのみ 1．$\wedge$ であるが省略されることが多い），否定（上棒）の 3 種類である．以下に整理しておく．

$$0 \vee 0 = 0, \ 0 \vee 1 = 1 \vee 0 = 1 \vee 1 = 1$$
$$1 \wedge 1 = 1, \ 0 \wedge 1 = 1 \wedge 0 = 0 \wedge 0 = 0$$
$$\overline{0} = 1, \overline{1} = 0$$

　上記の式で，例えば $x = 0, y = 1, z = 1, w = 1$ なら，最初の節（本章での論理式は括弧で囲われたいくつかの小論理式の論理積の形になる場合が多く，その小論理式を**節**と呼ぶ．上の式は二つの節からなる）の値は $0 \wedge 1 = 0$ と $\overline{0} \wedge 1 = 1$ の論理和なので 1，次の節の値も同様に考え

173

て 1 になるので，f 全体で 1 になる．論理式の充足可能性問題とは，与えられた論理式を 1 にするような各変数への 0 と 1 の割当て（**充足割当て**）を問う問題である．よって，上の f の場合は $x = 0, y = 1, z = 1, w = 1$ が正解（の一つ）である．充足割当てが存在しない式（充足不能な式）も，もちろん存在する．例えば以下の式で，変数にどんな値を入れても全体では常に 0 になる（2 変数なので，00, 01, 10, 11 の 4 通りを調べればよい）．

$$(x)(\overline{x} \lor y)(\overline{x} \lor \overline{y})$$

SAT が NP に入ることは明らかである．イエスのための証拠は変数への適当な 0/1 の割当てによって与えられ，それが本当に正解（充足割当て）かどうかの検証は簡単である．しかし，他の問題同様，正解が存在しないことを示す，つまり充足不能性を示すのは大変そうである．この SAT が他の問題をシミュレートできる，つまりその一般性を示したいのであるが，とりあえず，論理式のパワーを見るために，以下のような典型的な「犯人探し」のパズルを SAT を使って解いてみる（http://www2.oninet.ne.jp/mazra/ から引用した）．

犯罪の場面に A〜E の 5 人が居合わせました．刑事が「犯人はだれだ？」とたずねたところ，下のように答えました．しかし，この中には犯人が 1 人と嘘をついた人が 2 人います．結局，犯人は誰で，嘘をついたのはどの 2 人でしょう．

A 「犯人は私ではありません．C でもありません.」

B 「犯人は私ではありません．A でもありません.」

C 「犯人は，A か E です.」

D 「犯人は，B か E です.」

E 「犯人は，C か D です.」

もちろんパズルの醍醐味は，ああでもないこうでもないと推理を進

第 12 章　P 対 NP 問題：ノーベル賞以上？

めていって答えにたどり着くことであるが，以下では SAT でシミュレーションして解いてみよう．論理変数としては A さんに対して，A_u と A_h を用いる．A_u は A が嘘をついていることを主張する変数である．つまり，$A_u = 1$ なら A は嘘つきである．A_h は A が犯人であることを主張する変数である．つまり，$A_h = 1$ なら A は犯人である．$B_u, B_h, \ldots, E_u, E_h$ も同様である．これらの変数をうまく使って，このパズルを論理式に置き換え，その充足可能性を解くことによってパズルを解くことができる．具体的シミュレーションの方法，つまりどのように論理式に変換するかは，慣れていないと理解しづらいので少し丁寧に説明しよう．実は，論理変数としてどのようなものを用意したらよいかもそれほど自明なことではないのであるが，今の場合は天下り式に上の 10 変数を使うことにする．これらの論理変数を使った式として，例えば $(A_h \vee B_h \vee C_h)(\overline{A_h})(\overline{B_h})$ を見てみよう（これは上のパズルとは無関係である）．この式は三つの節からなるが，全体が 1 になるためには，全ての節が 1 になる必要がある（節と節をつなぐ論理積は省略されていることを思い出してほしい）．つまり，この式を 1 にする変数の割当ては $A_h = B_h = 0, C_h = 1$ である．最初の節は「A または B または C が犯人である」という制約から，第 2 の節は「A は犯人ではない」という制約から，第 3 の節は「B は犯人ではない」という制約から来ている．これらの三つの制約を全て満足させることが式全体を 1 にすることを意味し，そのためには，上の割当てしかないことは簡単に分かる．この割当てから全ての制約を満たす答え，つまり犯人は C であるという答えが導かれる．

　まとめると，問題（パズル）を充足問題で解こうとした時は，以下のようにすればよい．通常，いくつかの同時に満たされるべき制約が与えられる．まずは，適当に論理変数を導入する．それを使って各制約を素直に論理式に直す．それらを論理積でつないで全体の式を作る．その全体の式を 1 にするような割当てを求める．それを論理変数の主張に照らし合わせて解釈すれば答えが得られる．このように，いったん論理式に直すことができれば，後は自動的に答えが求まるのである．

175

では犯人探しのパズルに戻ろう．五つの同時に満たすべき制約が書いてある．これらを「素直」に論理式に直すと言ったが，例えば C さんの主張に関する制約を $(A_h \lor E_h)$ としてはいけない．理由は，この記述には省略があるからである．つまり，五つの制約は全て「言っている人が嘘つきでないなら」という部分が省略されている．つまり，本当に満たしたい制約は，五つの文章全てに上の制約を付け加えたものになる．例えば A さんに関する制約は「A が嘘つきでないなら犯人は A でもなく C でもない」になる．これを論理式に直すと，

$$\overline{A_u} \to \overline{A_h}\,\overline{C_h}$$

である．$\to$ などと言う記号を使ってしまったが，これは意味的には X なら Y の「なら」であり左辺が真なら右辺が真を意味する（$0 \to 0 = 1, 0 \to 1 = 1, 1 \to 1 = 1,\ 1 \to 0 = 0$）．注意すべきは左辺が偽なら右辺は関係なく真である（嘘つきの言っていることは正しいことも間違っていることもある）．つまりこの式全体は，左辺が 0 のとき（$\overline{A_u} = 0$，つまり $A_u = 1$，つまり A が嘘つきの時と）と左辺と右辺が共に 1 の時に（$A_u = 0$，つまり A が嘘つきでない，かつ $\overline{A_h} = 1$，$\overline{C_h} = 1$，つまり A も C も犯人でない時に）1 になる．したがって $X \to Y$ は $\overline{X} \lor XY$ と同じである．さらに，これは $\overline{X} \lor Y$ と書き直せる．$(X, Y) = (0, 0), (1, 0), (0, 1), (1, 1)$ の全てで，これら三つの式の値が一致することを確かめてほしい．

こうして，A さんに関する制約を書き直すと $A_u \lor (\overline{A_h}\,\overline{C_h})$ となり，さらに分配則を使って書き直すと，

$$(A_u \lor \overline{A_h})(A_u \lor \overline{C_h})$$

になる．あまり重要ではないが，業界では節の中は変数またはその否定の論理和の形を好む．三つの変数に 0/1 を入れてみて，等価な式であることを確かめてほしい．B さんに関する制約も全く同じ形である．次に C さんに関する制約であるが，これは $(\overline{C_u} \to A_h \lor E_h)$ となり，上の $(X \to Y) = (\overline{X} \lor Y)$ から $(C_u \lor (A_h \lor E_h)) = (C_u \lor A_h \lor E_h)$ と

第 12 章　P 対 NP 問題：ノーベル賞以上？

書き直せる．D さん，E さんに関する制約も同様なので，結局五つの
制約を全部合わせた式は，

$$(A_u \vee \overline{A_h})(A_u \vee \overline{C_h})(B_u \vee \overline{B_h})(B_u \vee \overline{A_h})$$

$$(C_u \vee A_h \vee E_h)(D_u \vee B_h \vee E_h)(E_u \vee C_h \vee D_h)$$

である．

　さてこの式の充足問題を解くのであるが，問題文をよく読むとさらな
る制約がついている．「犯人は 1 名，嘘をついている人は 2 名」と書い
てあるではないか．そこでこの，さらなる制約を式に付け加えなければ
いけない．例えば，$(\overline{A_h} \vee \overline{B_h})$ は A と B が共に犯人である場合を充足
解から除外するので，全部で 10 通りのこのような 2 変数による節を加
えれば充足解の犯人は 1 名以下になる．0 名でもいけないので，$(A_h \vee B_h \vee C_h \vee D_h \vee E_h)$ も付け加えよう．嘘つきは 2 人いるので，同様の考
えで，1 人の場合と 3 人以上の場合を除外できる．こうして結構多くの
節が追加されるが，書き下すのは正直言ってしんどい．そこで，ここで
はこれらの節があるものとして充足問題を解いていこう．まず，A が
犯人であるかどうか見てみよう．A が犯人，つまり $A_h = 1$ なら，上の
省略された節から $B_h = C_h = D_h = E_h = 0$ でなければ充足できない．
そこで，これらの値を上の式に代入してみよう．もう一度同じ式を出す
ので実際に代入してみてほしい．

$$(A_u \vee \overline{A_h})(A_u \vee \overline{C_h})(B_u \vee \overline{B_h})(B_u \vee \overline{A_h})$$

$$(C_u \vee A_h \vee E_h)(D_u \vee B_h \vee E_h)(E_u \vee C_h \vee D_h)$$

例えば最初の節は $(A_u \vee \overline{1}) = (A_u)$ となる．これを続けていけば，式は
$(A_u)(B_u)(D_u)(E_u)$ と簡単化されることが分かる．つまり，$A_h = 1$ な
ら $A_u = B_u = D_u = E_u = 1$ でなければ充足解になりえない．しか
し，これは嘘つきが 4 人いることになって，上の省略された節を 0 に
してしまうので，充足解ではない．同様に計算してみると，B や C が
犯人の場合は嘘つきが 3 人，E が犯人の場合は嘘つきが 1 人となって，
いずれも充足解ではない．唯一 D が犯人の場合に，式は $(C_u)(D_u)$ と

177

簡単化され，これが唯一の充足解を導くことが分かる．つまり「犯人は
D，嘘つきはCとD」がパズルの答えである．こうしてパズルをSAT
でシミュレートすることができた．結構複雑に見えるパズルが（慣れれ
ば比較的）簡単に充足問題に直せることがお分かりであろう．

　ここからが本題である．我々が充足問題に直したいのは，
プログラムを書けば解ける任意の問題であった．言い換えれば，充足問
題が，プログラムの実行をある意味でシミュレートできることを示した
い．この観点から見てみると，上の犯人探しの問題は決定的に不十分で
ある．理由は，プログラムの実行の本質的性質である「命令をステップ
バイステップで実行していく」という概念が入っていないからである．
あくまで静的な，何々なら何々という制約を論理式に直しただけであっ
た．そこで次に，時間的変化の概念の入ったパズルを見てみよう．これ
も有名なパズルで河渡りパズルと呼ばれている（上の犯人探しと同じサ
イトから引用した）．

　　　農夫が，ヤギとイヌを1匹ずつ連れ，キャベツのカゴを
　　　一つ背負って，川岸に出ました．岸にはボートが1隻．し
　　　かし，小さすぎて農夫が乗ると，あとはヤギ・イヌ・キャ
　　　ベツのうち一つしか乗せられません．しかし，ヤギとキャ
　　　ベツを岸に残すと，ヤギはキャベツを食べてしまうし，イ
　　　ヌとヤギを残すとイヌがヤギを襲ってしまいます．さて，
　　　このボートでどれも安全に向こう岸へ渡すにはどうすれば
　　　いいでしょう？

　答えは，最初にヤギを渡して，次にボートを空で返して，キャベツを
渡して云々とならなければならないので，明らかに時間（離散的なの
で時刻0，時刻1とかステップ0，ステップ1のように言う）の概念が
入っている．さて，このような時間の概念をどのようにして論理式に取
り込むのであろうか．さらには，これにも増して重要なのは，上では3
ステップ目にキャベツを渡すといったが，イヌでもよいかもしれない．

第 12 章　P 対 NP 問題：ノーベル賞以上？

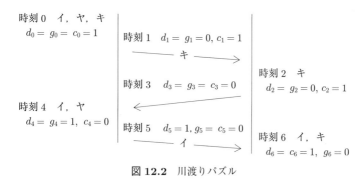

図 **12.2**　川渡りパズル

つまり各ステップにおいて選択の可能性があるわけである．このことも論理式に取り入れないといけない．前の例より数段難しそうであるが，めげずに頑張ってみよう．まず時刻を以下のように決める．時刻 0 は初期状態で 3 匹（キャベツ 1 匹は適切ではないがお許しいただきたい）とも川の左岸にいる．時刻 1 で左岸から（ある 1 匹）を乗せたボートが右岸に移動し，その結果，時刻 2 で何匹かが右岸にいる．時刻 3 でボートが（やはり 0 匹か 1 匹を乗せて）左岸に戻り，時刻 4 で何匹かが左岸にいる $\cdots$．

最初の作業は以前と同様，論理変数を導入することである．以下の変数を利用する．

$$d_0, g_0, c_0, d_1, g_1, c_1, d_2, g_2, c_2, d_3, g_3, c_3, \ldots$$

最初の三つ，d_0, g_0, c_0 は時刻 0 で各動物が左岸にいることを主張する変数である．つまり，$d_0 = 1$ で時刻 0 でイヌが左岸にいる（$d_0 = 0$ で左岸にいない），$g_0 = 1$ で時刻 0 でヤギが左岸にいる，$c_0 = 1$ で時刻 0 でキャベツが左岸にいる，を主張する（なお，パズルの前提からして，これらの変数の値は全て 1 であるべきだが，一般性を考えてこのようにいったん変数にした）．d_1, g_1, c_1 は同様に左岸から右岸への最初のボートにイヌ，ヤギ，キャベツが（変数の値が 1 なら）乗っていることを主張する．d_2, g_2, c_2 は時刻 2 でイヌ，ヤギ，キャベツが右岸にいること，d_3, g_3, c_3 は時刻 3 で右岸から左岸へのボートにイヌ，ヤ

179

ギ，キャベツが乗っていることを主張する．図 12.2 に論理変数の値の
変化の様子を示す．最初は 3 匹とも左岸にいるので当然，$d_0 = g_0 = c_0 = 1$ である．例えば，時刻 1 でキャベツがボートに乗ると，$d_1 = g_1 = 0, c_1 = 1$ である．時刻 2 では当然キャベツだけが右岸にいるので，$d_2 = g_2 = 0, c_2 = 1$ である．

　時間を入れたことで一つ，一見面倒な問題が生じる．一体
変数をどの時刻まで用意したらいいのであろうか．プログラムを書いて
この問題を解こうとするなら，多分同じ感じで三つの変数を導入するで
あろう．この変数の値を時々刻々で更新していって 3 匹の動きを模倣
し，答えを求めることができそうである．論理式では各変数の値の更新
などはもちろんできないので，その 3 変数を時刻ごとに展開してやる
必要がある．しかしよく考えてみると，別の（怠惰な）プログラマーは
3 変数を配列の形にして時刻をパラメータにするかもしれない．それな
ら上のような時刻ごとへの展開とよく似ている．時刻パラメータの最
大値を決めなければならず，その最大値が正に上の変数の添字の最大値
である．つまり，怠惰なプログラマーや論理式の場合は，答えのステッ
プ数がある値以下であるという情報（あるいは制限）をあらかじめ持っ
ていないと始まらないのである．思い出してほしいのであるが，NP の
問題は答えのチェックが多項式時間でできることがその基本的条件で
ある．つまり，正解の長さはせいぜい入力長の多項式である．詳細は省
くが，このことから，今問題になっているステップ数も入力のサイズに
対してあまり大きくなることはないと保証されている．今の我々の問題
の場合は，14 ステップで全部の動物を渡せると分かっているとしよう．
つまり，上記の変数の添字を 14 まで用意するのである．なお，終了ま
でのステップ数を正確に知る必要はなく，「あるステップ数以下で終了」
くらいが分かれば通常問題ない（理由を考えてほしい）．つまり，正確
なステップ数が分からなければ，適当に多めにしておけばよいのであ
る．

　いよいよ論理式の構築である．アイデアは前と同じで，導入した論理

第 12 章　P 対 NP 問題：ノーベル賞以上？

変数が満たすべき制約を素直に式に直していけばよい。そのような式を全部論理積でつなげれば、充足解は全ての制約を満たす、つまり答えになる。まず時刻 0 と 1 の変数の間の関係を見よう。例えば、時刻 0 にイヌが左岸にいないのに時刻 1 でボートに乗るのはおかしい。よって $\overline{d_0} \rightarrow \overline{d_1}$ である。これは前の等価変換によって、$(d_0 \vee \overline{d_1})$ である。ヤギ、キャベツに関しても同様である。次に、ボートにはどれか 1 匹を乗せることを式にしよう。1 匹は乗るが 2 匹以上を禁止すればよい（式が 0 になればよい）ので、式は $(d_1 \vee g_1 \vee c_1)(\overline{d_1} \vee \overline{g_1})(\overline{g_1} \vee \overline{c_1})(\overline{d_1} \vee \overline{c_1})$ でよいであろう。ここで注意してほしいのは、3 匹の中でどれが乗ってもよいことである。以前に述べた「選択の可能性」を式の中にうまく取り込んでいることを理解してほしい。常に 1 匹の場合はこれでいいのであるが、我々の場合は 0 匹でもよいことを思い出してほしい。したがって、最初の節は除去する。ここまでで出来上がった式は、

$$P_{01} = (d_0 \vee \overline{d_1})(g_0 \vee \overline{g_1})(c_0 \vee \overline{c_1})(\overline{d_1} \vee \overline{g_1})(\overline{g_1} \vee \overline{c_1})(\overline{d_1} \vee \overline{c_1})$$

である。

　次に考えるのが、ゲームの特徴的ルールである共食いである。時刻 1 のボートが出た後で、$d_0 = 1$ かつ $d_1 = 0$、つまり $(\overline{d_0} \vee d_1) = 0$ なら左岸にイヌが残る。同様に $(\overline{g_0} \vee g_1) = 0$ ならヤギが残る。両方残るとイヌがヤギを食べてしまうので、それを禁止する（充足解から除く）ために $(\overline{d_0} \vee d_1 \vee \overline{g_0} \vee g_1)$ を追加する。ヤギとキャベツも危険なので同様の式を追加する。つまり追加された式は以下のとおりである。

$$Q_{01} = (\overline{d_0} \vee d_1 \vee \overline{g_0} \vee g_1)(\overline{g_0} \vee g_1 \vee \overline{c_0} \vee c_1)$$

　次は時刻 2 の変数の値に関してである。例えば d_2 の値であるが、定義から、これはボートが右岸に着いて乗っていた動物を下ろした後の値である（農夫がいるので共食いの心配はない）。例えば、イヌがボートに乗っていたなら、つまり $d_1 = 1$ なら無条件で $d_2 = 1$ である。逆に $d_1 = 0$ なら、d_0 と d_2 の値は異なる（イヌがどちらかの岸にいれば他方にはいない）はずである。前者は $(d_1 \rightarrow d_2)$ で前の公式を使って

181

$(\overline{d_1} \vee d_2)$，後者は $d_1 = 0$ なら，d_0 と d_2 の値は同じであってはいけない（同じなら非充足にしたい）と考えると $(d_1 \vee d_0 \vee d_2)(d_1 \vee \overline{d_0} \vee \overline{d_2})$ でよいことが分かるであろう．つまり，ここで追加する式は $(\overline{d_1} \vee d_2)(d_1 \vee d_0 \vee d_2)(d_1 \vee \overline{d_0} \vee \overline{d_2})$ であり，ヤギとキャベツの分も考えて，以下のようにすればよい（さらに少し簡単になるのであるが，重要ではない）．

$$R_{012} = (\overline{d_1} \vee d_2)(d_1 \vee d_0 \vee d_2)(d_1 \vee \overline{d_0} \vee \overline{d_2})(\overline{g_1} \vee g_2)(g_1 \vee g_0 \vee g_2)$$
$$(g_1 \vee \overline{g_0} \vee \overline{g_2})(\overline{c_1} \vee c_2)(c_1 \vee c_0 \vee c_2)(c_1 \vee \overline{c_0} \vee \overline{c_2})$$

後はこの繰返しである．P_{01} の添字を 0,1 から 2,3 に変えた P_{23} で時刻 3 のボートに乗る動物の制約，Q_{23} で右岸のボートが出た後の共食い阻止，R_{234} で時刻 2 と時刻 4 の変数の値の関係を制約する．忘れてならないのは最初は 3 匹とも左岸にいて，最後は 3 匹とも右岸にいる．全て論理積でつないで，最終的な式は以下のようになる．

$$(d_0)(g_0)(c_0)(P_{01})(Q_{01})(R_{012})(P_{23})(Q_{23})(R_{234}) \cdots$$
$$(P_{12,13})(Q_{12,13})(R_{12,13,14})(d_{14})(g_{14})(c_{14})$$

では，この式の充足解を求めてみよう．変数が何十個とあるので，総当りは到底不可能であるが，制約が結構強いので，論理変数の値を順々に決めていくと比較的簡単に求めることができる．まず最初の 3 節から，$d_0 = 1, g_0 = 1, c_0 = 1$ が決まり，P_{01} に代入すると，最初の三つの節が 1 になって消えるので，

$$(\overline{d_1} \vee \overline{g_1})(\overline{g_1} \vee \overline{c_1})(\overline{d_1} \vee \overline{c_1})$$

となり，また Q_{01} に代入すると否定のついた変数は全て 0 になるので，

$$Q_{01} = (d_1 \vee g_1)(g_1 \vee c_1)$$

になる．共に 1 にするのは $d_1 = 0, g_1 = 1, c_1 = 0$ の場合だけで（例えば $d_1 = 1$ にすると前の式から $c_1 = g_1 = 0$ となって，後の式を 0 にしてしまう）．これを R_{012} に代入すると $d_2 = 0, g_2 = 1, c_2 = 0$ が決まる（上のように，ぜひ計算をしてみてほしい）．これを P_{23} と Q_{23} に代入

第 12 章　P 対 NP 問題：ノーベル賞以上？

すると，$d_3 = 0, g_3 = 1, c_3 = 0$ と $d_3 = 0, g_3 = 0, c_3 = 0$（ボートに何も乗せない）が可能であるが，$R_{234}$ に代入すると，前者は初期状態に戻ってしまうので，進めていくとステップ数が足りなくなってしまう（詳細略）．よって後者を採用すると，$d_4 = 1, g_4 = 0, c_4 = 1$ が得られる．P_{45} と Q_{45} に代入すると再び選択の可能性が出て，$d_5 = 1, g_5 = 0, c_5 = 0$ または $d_5 = 0, g_5 = 0, c_5 = 1$ となる．いずれの割当ても以降は一直線で，結局充足解は 2 種類しかないことが分かる（時間があれば，ぜひ確かめてほしい）．その (dgc) の値を添字 $0, 1, 2 \ldots$ の順に書き下すと，

$$(111)_0 (0\mathit{1}0)_1 (010)_2 (000)_3 (101)_4 (\mathit{1}00)_5 (110)_6 (0\mathit{1}0)_7$$
$$(011)_8 (00\mathit{1})_9 (101)_{10} (000)_{11} (010)_{12} (0\mathit{1}0)_{13} (111)_{14}$$
$$(111)_0 (0\mathit{1}0)_1 (010)_2 (000)_3 (101)_4 (00\mathit{1})_5 (011)_6 (0\mathit{1}0)_7$$
$$(110)_8 (\mathit{1}00)_9 (101)_{10} (000)_{11} (010)_{12} (0\mathit{1}0)_{13} (111)_{14}$$

となる．奇数時刻の 1 がボートに乗る動物で，上では斜体にした．つまり，最初の解ではボートに乗る動物は，ヤギ，なし，イヌ，ヤギ，キャベツ，なし，ヤギの順になる．これが正しい解になっていることを確かめてほしい．二つ目の解の正しさも確認してほしい．繰り返すが，我々のゴールはプログラムで解ける問題なら充足問題に変換できることで，その充足問題をいかにして解くかではない．しかし，本例題の場合は実際に解くことによって，変換の正しさを確認できた．

では本当に どんな問題でも，それがプログラムで解けるなら充足問題に変換できるのであろうか．これは以下のように，プログラムそのものの動きをシミュレートすることを考えてほしい．まずプログラムで使用する変数（例えば 20 変数）を全て時刻をパラメータにした配列に直す．そうすれば，各ステップでその 20 変数の値が，ちょうど上の例で (d_3, g_3, c_3) から (d_4, g_4, c_4) に変わるように変わる．この変わり方を論理式で書いてやればよい．重要なことは，一つのプログラムは有限の，例えば 1000 個の命令からなっていることである．各時刻にお

183

いて，プログラムはある命令を実行するので，どの時刻にどの命令を実行するかも有限個の論理変数を使って記述できる．ある時刻にある命令を実行していれば，メモリの内容が変わるのはその命令がアクセスする部分のみである．また次の時刻には当然プログラムの次の命令を実行する．この辺りのことを上の例の P, Q, R のように書いてやればよい．プログラムには条件分岐があるが，前の変数の値によってどちらの命令を実行するかが決まるので対処できそうである（詳細は省く）．2進数の変数の値の変化を論理式で書くのは少々面倒ではあるが，原理的にはできることを感じ取ってほしい．さらに重要なことは，プログラムがあるステップ数で止まることが保証されているなら（この仮定がないと論理式に直せない）出来上がった論理式の長さもそのステップ数の定数倍程度に抑えられる．

　もう一つ重要なことがある．上の河渡り問題で出合ったように，ある時刻でのプログラムの動作に選択（上の条件分岐とは全く異なる）があってもよいのである．これは確率 1/2 である動作，確率 1/2 で別の動作をするというように考えてほしい．このようなプログラムが（どんな小さな値でもよい）正の確率で正しい答えを出すなら，変換された論理式は充足解を持つのである．この「確率を使えるプログラム」は，あくまで理論的意味しかない．確率 1/2 の選択を例えば a, b として，プログラム実行中にそのような選択が例えば 100 回あったとする．多くの選択の列があるが，そのうち $a, a, b, b, a, \ldots$ という特定の一つの選択の列のみが正解にたどり着くとしよう．それでも定義では，このプログラムは問題を「解く」と言っている．真の乱数がたとえ使えたとしても，正解にたどり着く確率は無視できるくらい小さいのであるから実用的な意味はない．実はこの確率的選択が，NP の特色である答えの候補が与えられればその検証は簡単であることに対応しているのであるが，詳細は省くことにする．

　このように，SAT は NP 完全問題であり，全ての NP の問題をシミュレートできるくらい一般性が高い．しかし，前にも言ったように，部分集合和問題も同様に NP 完全なのである．論理式の場合はまだ，時

第 12 章　P 対 NP 問題：ノーベル賞以上？

間の進みといった概念の扱いもできそうに見えたが，部分集合和問題
の場合は，単にいくつかの整数とその和しか扱わない．それで，どの
ように時間の動きを扱うのであろうか．この質問に対する答えは簡単
で，もう時間のことは気にする必要がないのである．つまり，SAT が
NP 完全であると分かったので，他の問題の NP 完全性を示すために
は，SAT がシミュレートできることを示せば十分である．もちろん論
理式そのものには時間の概念はない．それでも，与えられた上のような
複雑な論理式を単なる整数の集合に直してしまって，それでシミュレー
トして結局充足解が求まるというのはちょっと意外かもしれないが，ま
あ慣れればそれほどのこともなく，実際あと 10 ページくらい使えばそ
のシミュレーションも説明できる（まぁ，やめておきましょう）．実は
河渡り問題もそれを一般化すると（つまり，動物の集合や，それらの間
の共食い条件を自由に決められるなら）NP 完全になることが分かって
いる．

　P≠NP 予想の解決は（可能であったとしても）かなり先になるとい
うのが業界の一般的認識である．様々な理由の中で，私は次の見方が
好きだ．これまで出た数多くの「解決」は，かなりひどいものが多い．
年に最低 10 件は出てくるウソの論文は典型的なタイプがあるらしく，
瞬時でウソを見抜く「名人」が何人かいる．結局「まともな」研究者が
「真面目な」発表をした例はほとんどない．著名な未解決問題の歴史を
見れば，多くの場合，最終的解決の前にそういった例がいくつか出てき
ている．

第13章
アルゴリズムから見た進化論

　応仁の乱の後から数えても何百年という歴史を持っている京都は独特の文化を育んできた．京ことば，着物，花街，祭り，京料理，華道，茶道，挙げていけば切りがない．京ことばで思い出したが，私が大学院の学生だったころである．友人がひいきにしている店が花見小路にあり，何度か一緒に行った．カウンター数人で満員の小さな串カツ屋さんだったが，そこの女将が絵に書いたような京ことばをしゃべった．そういう場所で小さいながらも自分の一軒家で店を出せるという出自なのであろう．串カツが特別味がいいというわけではなかったが，独特の雰囲気で，大学関係者に人気があったと聞いている．しばらくして分かったことであるが，京大生だった息子さんがおられて，その人がいわゆる活動家で，名前を出せば多くの人が知っているという存在であった．もちろん，普段はそんな素振りも見せずに，我々の話に実に微妙なタイミングで割り込んでくるし，我々の結構大学ローカルな話でも何の問題もなく通じるのであった．就職してからも時々立ち寄り，婚約者を連れていった時は大いにひやかされた．その後，足が遠のいていたが，女将に日中街中のデパートでばったり遭遇した．「お嫁はんもらはってもう来てくれはらしまへんのどすか」という言葉が40年たった今でもよく耳に残っている．

　最近は東京でも京野菜が人気らしい．私が関東から京都に来て一番に驚いたのがネギである．こちらのいわゆる九条葱は，青い部分も普通に

利用する．絶対に白い部分しか使わなかった埼玉の習慣からすればかなりの驚きである．色々面白い話があるらしく，関西人が東京でざる蕎麦を食したときに，小さな皿に入った白ネギの薄いスライスが何物か全く分からず，こわごわと１枚だけ口に入れてみたとか，新婚の奥さんが白ネギの青い部分もみそ汁に入れてひどい目にあったとか，話題にことかかない．実は京都風のラーメン（正確には知らないが，どうも定義があるらしく，背脂が絶対らしい）にこの九条葱が実によく合う．特に私のひいきのラーメン店は「ネギ多め」を無料でやってくれて，およそ３人に１人はそれで注文する（いつも同じ注文しかしない私のような客には，注文すら取らずに目の合図だけでいつものラーメンが出てくる）．ネギだけではない．私が住んでいる市の北部は，まだ多少田んぼや畑が残っていて，聖護院大根（正確には蕪かもしれない）が見事に育っているのをよく見る．言うまでもなく，千枚漬けの原料で，千枚漬けに対極するのがすぐきである．両方ともかなり高価で，個人的にはあまり好きではない．しかし，両者とも，いわゆる普通の意味での「漬け物」の域を超えていて，一種の芸術品の雰囲気すらある．季節の贈り物に漬け物を選ぶことが決して失礼にならないというのも京都の文化なのであろう．

　京都はタケノコも有名である．私がひいきにしている大学近くの和食レストランでは，４月から５月にかけてタケノコ料理だけの手書きメニューができる．定番の薄味の焚き物，酢みそ和え，天ぷら，さしみ，炊き込みご飯まで，まさにタケノコ料理満載である．一級品のタケノコの理由は，当たり前のことであるが，京都に多くの立派な竹林があるからである．特に市の西部，嵯峨野や老ノ坂へ行く途中の辺りは竹林だらけである．普通に市内でも，少し山の縁に行くと，例えば寺の裏などは決まって竹林である．散歩の折りにそういった場所に分け入ってみることもよくあるが，５月ごろだと，背丈ほどに成長した若竹が正に雨後の筍のごとく林立している．タケノコは成長が早いので，１，２日前だったら正に食べごろのはずだった．盗掘などどこ吹く風，誰も気にもしないのである．実は私の家にも北側の玄関の横に小さな竹林があった．前

第 13 章　アルゴリズムから見た進化論

のオーナーの趣味だったらしく，細いが上品な竹がちょうどよい密度で
生えていた．細い竹なので，タケノコも細かったが，立派に毎年出てく
るのである．暖かくなると毎朝注意して，何とか2，3本収穫した．皮
を剥くと親指くらいになってしまうのであるが，味は決して悪くはなか
った．ある年，失敗して地中の水道管を壊してしまい，それをきっかけ
に，縁側を突き破るのではないかという心配もあって，植木屋さんに頼
んで処分してしまった．今になってみれば少し残念である．

　竹は言うまでもなく，古来様々な用途に利用されてきた．京都はあら
ゆる竹製品で有名であるし，中国や香港ではいまだに高層建築の足場
を竹で組むのである．20年以上前だと思うが，知り合いのブラウン大
学の教授が京都に来た．斯界では有名な日本びいきで，プロビデンスの
自宅の日本庭園に鹿威しをつくるので，竹を買いたいというのである．
まだWebが十分ではなかった時代で，電話帳を繰ってみるとさすが京
都，竹材商という店が結構ある．大きそうな店を定めて行くことにし
た．市の中心部に位置していて，地下鉄の駅を降りるとちょっとした地
下街のようなところをぐるぐる回って地上に出た．私は完全に方向感覚
を失ってしまい，おろおろして辺りを見回していると，その先生が一方
を指差して「こっちが南だ」と言うのである．びっくりしたが，言われ
たとおり行くとその竹屋さんがあって，無事に2本の立派な切り端を
ただのような価格で分けてもらうことができた．帰りに，どうして方向
が分かったのか聞いてみた．先生曰く，何も意識はしないで，どこにい
ようとも今どの方角に向かっているかが自然に分かってしまうというの
である．よく方向感覚が良いとか悪いとか言うが，私にとっては異能と
しか見えなかった．もちろんこの手の特殊才能はいくらでも例がある．
例えば放浪の画家として有名な山下清画伯は，極めて精密な（切り絵
の）風景画で有名であるが，現地では一切仕事をせずに全て宿舎に戻っ
て作業をしたらしい．やはり，特に意識しないで，チラッと見た風景が
その細部まで完全に頭に焼き付いてしまうのだそうである．

　さて，ネギ，カブ，タケノコといった野菜すらも文化にしてしまうと
いうのが京都の進化なら，最近送られてきたACMという世界最大の

図 13.1 CACM16 年 11 月号表紙

計算機関連の学会の学会誌でも「進化」が取り上げられ，その表紙（図 13.1）はかなり注目を集めた．この章では，アルゴリズムの眼鏡で世の中の仕組みを見るという本書の主題に相応しいテーマでその締めくくりにしたいと思う．我々アルゴリズム屋が進化論に対して抱く最大の疑問が，生物学で主流である突然変異と自然選択に基づく進化では，10^{12} と言われている有史以来のステップ数が人類を創世するにはとても足りないように見えることである．したがって，何らかのアルゴリズム的な最適化のプロセスが作用していたに違いないと考えるのが自然な結論であり，それならその最適化のプロセスはどのようなものであったのかを研究するのが自然な流れであって，前世紀の末くらいから一部の有力な研究者の興味を強く引いてきたのである．

計算生物学という言葉があるくらい，近年における生物学と計算機科学の結びつきは非常に強いものがあるが，我々計算機サイドの人間にとって（お互い様なのであろうが）おそらく最大の困難な問題が生物学の世界の言語である．そこで，まずはこの章で最低限必要になる生物学での用語を整理しておく．お断りしておくが，多分にモデル的考

えで話を進める．まず**染色体**である．これは，ここでは単に記号列，

$$X_1 X_2 X_3 \cdots X_k$$

と考える．その記号列の場所（前から何番目）を**遺伝子座**と呼び，遺伝子座によってどんな形質の遺伝情報（**遺伝子**）があるかが決まっている．上の染色体なら最初の遺伝子座の X_1 が目の色の遺伝子，2 番目の遺伝子座の X_2 が血液型の遺伝子といったようにである．ある遺伝子座の遺伝子は何種類かの記号（**アレル**）のうちの一つで決められる．例えば，ABO 血液型の遺伝子なら，A, B, O の三つの異なったアレルがある．以下ではアレルと記号を混同して用いることがある．人の染色体は性染色体を除いて 44 本ある．44 本は 2 本ずつペアになっていて，一つのペア，つまり 2 本の染色体では，双方の同じ遺伝子座には同じ遺伝子が存在するが，その具体的アレルは異なっていてよい．例えば，血液型遺伝子に対する遺伝子座にはペアを成す一方の染色体では A，別の染色体では O である可能性がある（よく知られているように，この場合の外面的な血液型は A 型である）．これらのペアは**相同染色体**と呼ばれることもある．これもよく知られているように，相同染色体の一方は父親から，他方は母親から受け継がれる．血液型が A 型の場合のアレルのペア（二つ以上のアレルの組合せを**遺伝子型**と呼ぶ）は AA か AO のいずれかであるが，仮にある父親が AO だったとしよう．母親の血液型が O 型ならその遺伝子型は OO に限られる．子供は父親の相同染色体のいずれか一方，母親の相同染色体のいずれか一方を（ランダムに）受け継ぐ．したがって，その遺伝子型は 50% の確率で AO，50% の確率で OO になる．

　二つ以上の遺伝子がどのように振る舞うかは，よく出る入試問題である．血液型の遺伝子と二重瞼の遺伝子を考えよう．後者のアレルは，X（二重で優性）と x（一重で劣性）の二つである．父親の血液型に対する遺伝子型が AB，瞼に対する遺伝子型が Xx，母親のそれらが，BO と Xx であったとする．子供の遺伝子型は血液型のほうが，AB，AO, BB, BO が等確率で現れ，瞼のほうが，XX, Xx, Xx, xx が

191

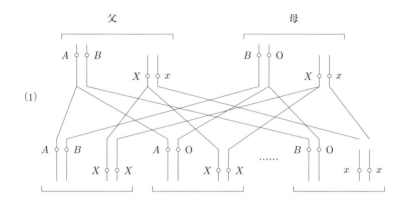

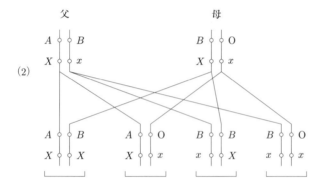

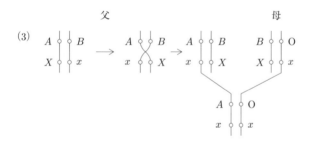

図 **13.2** 遺伝子の親から子への伝搬

等確率で現れる．両者の組合せ的には，もし二つの遺伝子が別の染色体上にある場合（二つの遺伝子が独立の場合）は，これらの単純な直積になる．つまり，図 13.2 (1) に示されるように，全て 1/16 の確率

第 13 章 アルゴリズムから見た進化論

で，(AB, XX), (AO, XX) 等々が現れる．二つの遺伝子が同一の染色体にある場合は，父親は $(A/X, B/x)$ か $(A/x, B/X)$ のいずれかである．W/V で異なる遺伝子のアレル W と V が同じ染色体上に乗っていることを表すことにする．つまり，前者の場合は A と X, B と x が同一の染色体，後者の場合は A と x, B と X が同一の染色体上にある．例えば前者 $(A/X, B/x)$ だとしよう（同図 (2)）．母親の場合も同様に考えて，例えば $(B/X, O/x)$ だったとしよう．すると素直に両親から 1 本ずつの染色体を受け継ぐと考えるなら，図のように 4 通りの組合せしか出ない．例えば，独立の場合に出てくる (AO, XX) は出現しない．しかし実際は**遺伝子の組換え**という現象が生じる．同図 (3) のように一組の相同染色体が途中で切れて，つながりが変わってしまうのである．こうなると，図に示されるように，(2) では出なかった (AO, xx) という遺伝子型も出てくる．結局，このような組換えの可能性を考えると，(1) の 16 通りが全て（等確率ではないとしても）出てくることになる．

進化のメカニズム を簡単なモデルを使って次に説明する．ある仮想的な生物の種のモデルであり，染色体が（ペアの集まりどころか全部で）1 本しかなくて，その上に 2 か所の遺伝子座があり，それぞれの遺伝子は三つのアレルからなっている．一つの遺伝子のアレルを A_1, A_2, A_3, もう一方を B_1, B_2, B_3 としよう．よって，染色体の遺伝子型は，A_1/B_1, A_1/B_2, ..., A_3/B_3 まで 9 種類あることになる．これを図 13.3 (1) のように 3 × 3 の表で表し，その表の各エントリーには，その遺伝子型の**適応度**を書くことにする．適応度は，直観的にはその遺伝子型の環境に対する強さを表し，例えば，A_1/B_1 が 1.05，A_1/B_2 が 1.00 ということは，前者のほうが後者より 5 % ほどより多く生き延びるということを表している．今，基準である世代 0 で 9 種類の遺伝子型が全く同じ人口であると考えよう．つまり，これらの 9 種類の遺伝子型が，バケツの中に大量に全て同じ数（個体数）あるいは同じ割合の 1/9 ずつ入っていると考えよう（同図 (2)）．まず，この

(1) 適応度

	B_1	B_2	B_3
A_1	1.05	1.00	0.96
A_2	1.01	1.03	1.02
A_3	0.94	1.02	0.99

(2) 0 世代

	B_1	B_2	B_3
A_1	0.1111	0.1111	0.1111
A_2	0.1111	0.1111	0.1111
A_3	0.1111	0.1111	0.1111

(3) 1 世代（無性生殖）

	B_1	B_2	B_3
A_1	0.1164	0.1109	0.1064
A_2	0.1120	0.1142	0.1131
A_3	0.1042	0.1131	0.1098

(4) 100 世代（無性生殖）

	B_1	B_2	B_3
A_1	0.7767	0.0059	0.0001
A_2	0.0160	0.1135	0.0428
A_3	0.0000	0.0428	0.0022

(5)

	B_1	B_2	B_3
A_1	P_{11}	P_{12}	P_{13}
A_2	P_{21}	P_{22}	P_{23}
A_3	P_{31}	P_{32}	P_{33}

(6)

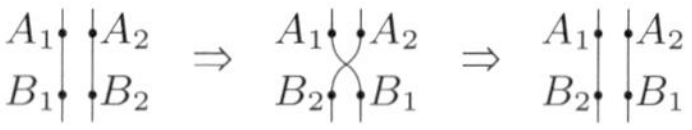

$$
\begin{array}{ccc}
A_1 \mid A_2 & & A_1 \mid A_2 & & A_1 \mid A_2 \\
B_1 \mid B_2 & \Rightarrow & B_2 \mid B_1 & \Rightarrow & B_2 \mid B_1
\end{array}
$$

図 13.3 遺伝子の伝搬による進化

生物が**無性生殖**だったとする．すると，子は単純に親の遺伝子を引き継ぎ，今仮定している適応度を考えると，次の世代では，A_1/B_1 の個体数のほうが例えば A_1/B_2 よりも 5 % ほど多くなると考えればよい．このように単純に個体数に適応度を掛けていくと，適応度の大きい遺伝子型が指数的に増加していって，簡単な計算で，第 1 世代で図（3），第 100 世代後には同図（4）のようになる（A_1/B_1 が極端に多くなる）．しかし，この仕組みは種にとってあまり好ましいことではないらしい．高いレベルまで進化した無性生殖生物は存在しないのである．その理由を述べることはこの本の範囲を超えること（というか私には不可能）だが，その一つはどうも A_1/B_1 の組合せの特殊性にあるらしい．つまり，アレル A_1 もアレル B_1 も，行と列の全体で見れば適応度は決して高くない．A_1/B_1 が飛び抜けているだけであって，そのような特異な組合せが本当に強いとは言えないらしい．

第 13 章　アルゴリズムから見た進化論

では**有性生殖**ならどうなるであろう. 例えば両親の遺伝子型が A_1/B_1 と A_2/B_2 なら, 子供はどちらかをランダムに引き継ぐので, A_1/B_1, A_2/B_2 の可能性は当然ある. さらには上で述べた遺伝子の組換えも起こるので, A_1/B_2 と A_2/B_1 も可能性がある. そこで, ある世代の分布を図 (5) のように仮定して次の世代がどのような分布になるかを見てみよう. ここで, P_{ij} は遺伝子型 A_i/B_j の (全体を 1 としたときの) 割合である. 簡単のために, 遺伝子の組換えが起こる確率が $1/2$ つまり, 上の例で言えば A_1/B_1, A_2/B_2, A_1/B_2, A_2/B_1 が全部同じ確率で現れると仮定する. そこで, 一組のランダムに選ばれた親の組から例えば, A_2/B_1 である子供ができる確率を計算してみよう. 最初は組換えが起こらない場合を考える. 前述のように大量の染色体 (遺伝子型) がバケツの中に入っている. そのバケツからランダムに一つの染色体を取り出す. それが A_2/B_1 である確率は P_{21} であって一つの親になる. 組換えが起こらない確率は $1/2$ なので, この時点で, (もう一方の親が何であったとしても) $P_{21}/2$ 個の A_2/B_1 が確保できたことになる (実際は子供はどちらかの親の遺伝子型を受け継ぐので, このさらに半分になるが, 簡単のために 2 個の子供が両親の遺伝子を 1 個ずつ引き継ぐと仮定する). もう一方の親もバケツからランダムに選ばれ, まったく同じ議論によって, $P_{21}/2$ 個の A_2/B_1 が確保される. つまり組換えなしで A_2/B_1 が次の世代に現れるのは, 一組の親の少なくとも一方が A_2/B_1 の場合で, 次の世代では P_{21} 個の A_2/B_1 が確保される.

次は組換えが起こる場合である. バケツから 2 個取り出した遺伝子型が最初は A_1/B_1 で次が A_2/B_2 だったとしよう. その確率は $P_{11} \cdot P_{22}$ で, 図 (6) のように確率 $1/2$ で組換えが起こって, 結局, $P_{11} \cdot P_{22}/2$ 個の A_2/B_1 と同量の A_1/B_2 が確保される. 順番が逆で, 最初に A_2/B_2 を取り出し, 次に A_1/B_1 を取り出したときも, 全く同じ計算なので, 両方とも 2 倍になる. 今計算したいのは A_2/B_1 のほうである. 他にも, 一方の親が B_1 を持ち, 他方の親が A_2 を持つ場合に, 全て同じ計算になる. 一つ例外は, 両親とも A_2/B_1 の場合で, この場合は組換え後の 2 本とも A_2/B_1 になる. つまり 2 倍である (が, この場合は逆順の取

195

り出しはない). 結局, 全体では一方の親が少なくとも A_2 を持ち, 他方の親が少なくとも B_1 を持つ全ての場合を考える (ただし, どちらの親も A_2 と B_1 両方を持つ場合は特別とする) と,

$$P_{21}^2 + P_{11}P_{21} + P_{11}P_{22} + P_{11}P_{23} + P_{21}P_{22} + P_{21}P_{23} +$$

$$P_{31}P_{21} + P_{31}P_{22} + P_{31}P_{23}$$

$$= (P_{11} + P_{21} + P_{31})(P_{21} + P_{22} + P_{23})$$

が組換えが起こる場合の A_2/B_1 の総数である.

さらに組換えが起こらない場合の P_{21} を加える. その値は二つの親からの場合なので, 一つの親からの値に直すために 2 で割り, さらに適応度 1.01 (w_{21} で表す) を掛けると,

$$w_{21}(\frac{1}{2}P_{21} + \frac{1}{2}(P_{11} + P_{21} + P_{31})(P_{21} + P_{22} + P_{23}))$$

が次の世代の遺伝子型 A_2/B_1 の割合である. 他の遺伝子型に対しても全く同じ議論ができるので, 次の世代の遺伝子型 A_i/B_j の割合は,

$$w_{ij}(\frac{1}{2}P_{ij} + \frac{1}{2}(P_{1j} + P_{2j} + P_{3j})(P_{i1} + P_{i2} + P_{i3}))$$

になる.

この式で決まる進化の模様を見てみよう (この章の計算は全て著者独自のプログラムで行っている). 図 13.4 の (1) から (3) で示され, 第 0 世代は以前の図 13.3 の (2) と同じ全ての遺伝子型が等しく分布していることを仮定している. 図の (1) は第 1 世代で, これは図 13.3 の (3) と同じになっている. つまり, 第 1 世代では無性生殖と有性生殖の差は出ない (式から理由を導いてほしい). (2) は第 10 世代, (3) は第 100 世代の分布を表している. なお, 各表の欄外はその行の分布の和 (第 1 行なら $P_{11} + P_{12} + P_{13}$) や各列の分布の和を表している. 100 世代の分布を無性生殖の場合 (図 13.3 の (4)) と比較すると, 大きな違いが見て取れる. つまり, 無性生殖の場合はほとんどそれだけになってしまった左上の P_{11} は, もはや平均よりも小さい. 個々のアレルの強さ, つまり第 2 行と第 2 列の強さがよく現れており, 前述の生

第 13 章　アルゴリズムから見た進化論

(1) 第 1 世代

	0.3326	0.3381	0.3293
0.3337	0.1164	0.1109	0.1064
0.3392	0.1120	0.1142	0.1131
0.3271	0.1042	0.1131	0.1098

(2) 第 10 世代

	0.3298	0.3780	0.2921
0.3355	0.1210	0.1226	0.0919
0.3903	0.1263	0.1469	0.1171
0.2741	0.0825	0.1085	0.0831

(3) 第 100 世代

	0.3254	0.6019	0.0727
0.2420	0.0848	0.1409	0.0163
0.7287	0.2320	0.4424	0.0542
0.0293	0.0086	0.0185	0.0022

(4)

	0.3326	0.3381	0.3293
0.3337			
0.3392			
0.3271			

(5)

	0.3275	0.3798	0.2927
0.3340			
0.3924			
0.2736			

(6)

	0.2872	0.6357	0.0771
0.2070			
0.7628			
0.0302			

図 **13.4**　遺伝子の伝搬による進化とゲーム理論

物学的な面からの仮説の妥当性がかなり肯定されていると言ってよい.
準備が長かったがいよいよ本論である.

アルゴリズム的側面から見た進化とはいかなるもので
あろうか. 有性生殖によって初めて可能になった進化の様子をアルゴ
リズムの側面から見るとどのように説明できるのであろうか. 最初の
ほうで紹介した雑誌の論文が言っているのは，上の進化の過程は**オンラ**

イン学習の乗算型重み更新そのものであり，その学習アルゴリズムを有性生殖によって生物が実働化したと主張するのである．この学習アルゴリズムを説明するために，例として株価の変動の学習を考えよう．今，ある会社の株価の変動を学習したい．頼りになるのは，何人かの，例えば 10 人の**エキスパート**の助言である．1 日 1 回それぞれのエキスパートは株価が上がるか下がるかの助言を行う．学習者は，どのエキスパートの助言に従うのがよいかを決める必要がある．そこで，最もシンプルな以下の方法を使おう．各エキスパートの助言に重みを付け，重みの和の大きいほうの助言に従う．例えば，10 人のうち 4 人が上がると助言し，それらの重みの和が重み全体の和の半分を超えていればその助言に従う．最初は全てのエキスパートの重みを 1 にして開始する．毎日，重みの更新を以下のように行う．あるエキスパートの前日の予言が当たっていたら，その重みを $(1 + \epsilon)$ 倍する．ここで，ϵ は小さな正数である．注意してほしいのは，エキスパートの予言の正しさに関してはまったく何の仮定も置いていないことである．したがって，もし全てのエキスパートがたくさん間違える場合は，当然学習者も同様にたくさん間違えてしまうことになる．しかし，有名な定理があって，学習者の間違いの回数は相対的に最善のエキスパート（間違い数が最小のエキスパート）の間違いの数からそれほど離れていないことが証明できる．したがって，このアルゴリズムはシンプルではあるが決して質の悪いものではない．

　我々の進化のシステムに当てはめてみよう．今まで見てきた簡単な例では，ゲームのプレーヤーは 2 人（行と列）いると考える．行プレーヤーの戦略はどのアレルを使うかである．例えば今，適応度が図 13.3 の（1）のように与えられているとする．その場合，行プレーヤーがアレル A_1，列プレーヤーがアレル B_3 を使ったとするとその利得は -4，つまり適応度の 1.0 からの差の 100 倍の値である．実際は行プレーヤーも列プレーヤーも**混合戦略**を使う．つまり，三つのアレルを適当な確率で混ぜて，その戦略にするのである．このゲームは（ちょうど進化で多くの世代を考えるように）繰り返して行われるが，利得を大きくする

第 13 章　アルゴリズムから見た進化論

ために，1 回ごとに各プレーヤーが用いる戦略（各アレルの確率）を調整する．今，その調整の仕組みとして上で言った乗算型重み更新を使うのである．例えば行プレーヤーが第 10 世代（図 13.4（2））で，2 番目のアレルに対する確率の更新がどのように進むかを見てみよう．その 2 番目のアレルの現在の重み（2 番目のアレルを使う確率）は 0.3903 である．それを $1 + \epsilon\Delta$ 倍するのであるが，ϵ は 0.01 で固定である．Δ は利得を列プレーヤーの戦略の確率で平均化する．今の場合，その行の各列の利得は，1，3，2 であり，列プレーヤーの戦略の確率は，0.3298，0.3780，0.2921 である．したがって，

$$\Delta = 0.3298 \times 1 + 0.3780 \times 3 + 0.2921 \times 2$$

となる．もはや各 A_1/B_1 等の行と列を組み合わせた遺伝子型の割合は一切考慮していないことに注意してほしい．このゲームによる行と列の遺伝子のアレルの割合を第 1 世代から計算したものを図 13.4 の（4）から（6）に挙げる．（1）から（3）に対応していて，それぞれ，第 1 世代，第 10 世代，第 100 世代である．（1）と（4）は全く同じであり，（2）と（5）は多少の違いがあるが十分近い．100 世代後でも誤差はそれほど大きくない．実は，上の利得の絶対値が十分小さければ，この誤差は限りなく小さくなることが証明されている．つまり，このように定義したゲームと有性生殖は数学的に等価なのである．

　さらに驚くべきことは，上のゲームにおけるアレルの分布の更新は，ある関数値の最適化を行っているというのである．その関数値に関しては詳細は述べないが，二つの項からなっており，一つはメインと言える重み更新の量の蓄積であり，もう一つの項はアレルの分布のエントロピー，つまりアレルの分布ができるだけバラバラになっているほうが良いのである．これは一見矛盾するように見えるかもしれないが，学習の世界では，パラメータの値を調整しすぎてしまうと，過学習などの様々な問題が生じることが分かっている．この第 2 項はそのことを緩和するための項で，学習の世界では決してめずらしいものではない．

　この章で本書を締めくくることになるが，生物の進化さえもアルゴ

199

リズムの言葉で説明できてしまう（可能性がある）ことを述べた．最後に，次の文章をもってお開きにしたい．生物は神様が作ったと言われることがよくあるが，むしろ，**神様は生物を進化させる仕組み（アルゴリズム）を作った**と考えるほうが，少なくとも我々計算機科学者にとってはより自然なのである．少しでも賛同してもらえるなら幸いである．

あとがき

　今，2017 年の 4 月であるが，新聞にしばしば出るのが，トップランクの某プロ棋士が（なす術もなく）ソフトに破れたという記事である．これは囲碁も将棋も両方ともである．2，3 年前はまだそれなりに拮抗していたように思うが，ソフトと人間の勝負はもう完全に決着した雰囲気である．このこともあってか，人間社会と AI の関わりや，ディープラーニングの記事が氾濫している．代表的なのが，人間の仕事の何割かが 20 年後には奪われてしまうといった類いの記事である．しかし，歴史的には類似の現象は何回も起きている．比較的最近だけをとっても，例えばプラスチックの台頭である．一時期，何でもプラスチックで置き換えられてしまうと言われたがそうでもなかった．むしろプラスチックは「安っぽい」の代名詞である．クォーツが実用化されたときは，時計は全て正確で安価なものに置き換わるという噂が立ったが，依然として高級時計は（私は興味ないが）大いに人気である．20 年後にタクシーの半分が自動運転に変わってしまったとしても，料金を余計払ってでも人間が運転するタクシーを選ぶ人が結構いるに違いない．私自身はこういった議論にはあまり興味がないが，少なくとも今をときめくソフトに関して，アルゴリズム屋としての見方の一端を少しだけ披露させていただくのも悪くないであろう．

　正直なところ，私はほとんど素人に近いのであるが，囲碁のソフトの

解説記事を読んだ時の感想めいたことを書いてみたい．二つの重要なテクニックがあって，その一つは**ゲーム木**の探索である．これはある局面で，自分がこの手を打てば局面が変化し，次に相手がある手を打てば再び局面が変化するというゲームの進行を木の形で表したものである．図1に示す．A が自分の番で（○で表す）四つの可能な手の中から一つを選ぶと次の段の B_1 から B_4 と局面が変化して相手の番になる（□で表す）．この木の探索で一つ注意しないといけないのは，○のノードでは自分に選択があるので，最善手一つの存在を示せれば十分であるが，□ノードは相手なので，どんな手を打ってくるか分からないことである．つまり，全ての選択を検証する必要がある．この木の場合，3段目の○ノードの右のほうの C_{10} と C_{11} が共に下に勝利のノード（局面）を持っている．したがって，最初に一番右の B_4 に向かう手を打てば，相手が B_4 でどちらの手を使っても勝てるというわけである．典型的なのが詰め将棋のソフトで，このような木を素直に探索する．各ノードでの選択の可能性は少なくないので，10手以上の詰め手を発見するのは簡単ではない．詰め将棋だけではなく，一般の場面でもこのような木の探索を行うが，やはり10手程度が限界である．しかし，もちろん10手では決着がつかないので，そのような10手先の数多くのノードに対応する局面の（決着はついていないものの相対的な善し悪しの）評価を行う必要がある．その評価ができれば，その評価値のできるだけ高いノードに向かえるように（上で述べた自分の番，相手の番のことを考えながら）最初の手を選べばよい．将棋の場合は幸いなことに，このような局面の評価はある程度可能であると言われている．駒の損得や働きとかが数値化できるからである．

　しかし囲碁の場合は，白黒の石しか盤面にないということから，この評価が格段に困難である．そこで出たアイデアが，途中で評価するのではなく最終の盤面まで変化させて評価しようというものである．最終盤面なら勝敗が決定しているので，もちろん正確に評価できる．しかし，そのためには数十手とかそれ以上を進める必要があり，指数的に増加していく木の上の全てのパスをチェックするのは到底不可能である．そこ

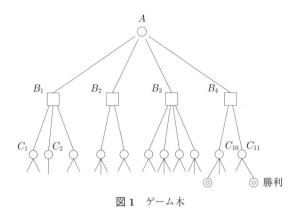

図1 ゲーム木

で出たアイデアが，**モンテカルロ探索**というもので，アルゴリズムの世界でモンテカルロとかラスベガスといった場合は大抵の場合，単に「確率的である」ことを意味する．つまり，今の場合は，図の各ノードで単純にいずれかの手をランダムに選択して最後まで行ってしまうのである．そこで勝ち負けが決まって，最初の○ノードの四つのうちの一つの選択に評価が加えられる．これを膨大な回数繰り返して評価値を固めていくのであるが，もちろん，全く単純でランダムな選択だけではうまくいかないので，繰返しの途中で今まで結果が良かった選択を段々詳しく選択していく．詳しくという意味は最初の○ノードの選択に評価を与えるだけでなく，評価が良かった選択が至るその下の○のノード（例えば C_2）の各選択に対しても評価を与えるようにしていく．「今まで結果が良かった」をどのように評価するかが問題であるが，これは正に前の章で述べたエキスパートによる助言と考えれば，乗算型重み更新が使えそうである（実際にアルファGo等の有名ソフトで使われているのは少し違うアルゴリズムなのであるが，まぁ気にしなくてよい）．

　このモンテカルロ探索は2006年ごろに導入された技術で，結構革命的であったと言われている．それまで人間に全く歯が立たなかった囲碁ソフトが，特に縮小された碁盤では，それなりに戦えるようになったからである．しかし，明らかな欠点がある．木の探索経路で勝利の経路が比較的満遍なく分布している場合は良いが，偏っている場合，極端なこ

とを言えば多くの経路の中でただ1本の経路だけが勝利するような場合は全く役に立たない（が，プロの棋士は一瞬でその経路を見いだすかもしれない）．そこで，そのような「定石」的な判断をソフトに組み込むという考えが自然に出てくる．それは実は簡単で，第2の基本技術ディープラーニングの出番である．19×19 の碁盤は同じ 19×19 のタブレットと見なせるので，そこで開発された0から9の手書き文字認識に対する多層のニューラルネットアルゴリズムが，直観的には，ほぼそのまま使えると考えてよい．これがディープラーニングそのものである（手書き文字のニューラルネットによる認識と学習による正解率の増強は学習の典型的な例であり，既に多くの分かりやすい解説があるのでそれらを参照してほしい）．パラメータ最適化のための学習データとしては，何十万という電子化されたプロ棋士の棋譜がある（ここが実用上は最も重要な点である）ので，それを使えばよい．

　こうして，最終でない局面に対しても評価値を与えることが可能になった．それをモンテカルロ探索に組み入れれば，現局面での評価の正確さを大いに上げることができそうである，具体的にどうすればよいかは自明ではないが，まぁ何とかなりそうに見える．（実はそれほど単純ではなくて，モンテカルロ探索に組み込んだあとで利用すべき局面の評価値は，単純なディープラーニングで得た評価値とは微妙に異なっているらしい．したがって，もう一回同様の学習アルゴリズムを使って修正するのであるが，この辺りは専門的になるし，私自身よく理解できていないので深入りしないことにしよう）．

　アルゴリズム屋による囲碁ソフトの解説はいかがだったであろうか．新しい言葉や概念は次々に出てくるものの，アルゴリズムなくしては，それらを具体的に働かせることができないのである．IT社会の主役は，過去もこれからもアルゴリズムであると主張して，結びの言葉としたい．

　本書の執筆にあたっては可能な限り新たな文章を書き下ろしたつも

あとがき

りである．しかし，一部，大幅な加筆修正を行ってはいるが，私の旧著
『アルゴリズムサイエンス：出口からの超入門』（共立出版），『現代思想
2016 年 10 月臨時増刊号』（青土社）の「未解決問集」と『同 2017 年 3
月臨時増刊号』の「知のトップランナー 50 人の美しいセオリー」にお
ける私の記事を参考にした．また第 13 章は，Adi Livnat, Christos Pa-
padimitriou, Sex as an Algorithm: The Theory of Evolution Under
the Lens of Computation, *Communications of the ACM*, Vol. 59 No.
11, pp. 84-93 が元になっている．

事項索引

英数字

1 値アルゴリズム　80
2 名落札 1 値アルゴリズム　79
k サーバー問題　59
MTF　64
NP　168
NP 完全問題　89, 172
OPT　64
P　168

あ 行

アイテム　92
アイドルタイム　13
アルゴリズム　1
アレル　191
イエス　168
異順ペア　65
一方向性関数　147
遺伝子　191
遺伝子型　191
遺伝子座　191
遺伝子の組換え　193
ヴィックレーオークション　76
エキスパート　198
枝　101
オークション　75
オペレーションズリサーチ　21

オンラインアルゴリズム　56
オンライン学習　197
オンライン問題　56

か 行

階乗　27
確率アルゴリズム　108
仮想的コスト　65
カバー　97
神様は生物を進化させる仕組み（アル
　　ゴリズム）を作った　200
河渡りパズル　178
完全グラフ　111
期限優先戦略　16
競合比　56, 78
競売人　77
近似解　89
近似度　90
クラス　168
グラフ　101
計算困難性　155
ゲーム木　202
検算方式　141
減少部分列　26
公開鍵　156
工程　18
混合戦略　198

207

さ 行

最短経路問題　2
仕事の待ち時間　15
次数　114
支配集合　114
集合被覆問題　96
充足可能性問題（SAT）　173
出力　2
巡回セールスマン問題　89
順列　27
証拠　168
乗算型重み更新　198
状態　127
情報の漏れ　139
署名　161
スケジューリング問題　15
ゼロ知識証明　142
染色体　191
総当り　30
増加部分列　26
相同染色体　191
ソート　25

た 行

多項式の時間　168
頂点　101
ディープラーニング　204
提示価格　77
定常状態　128
適応度　193
動的計画法　31
匿名性　159
貪欲アルゴリズム　79, 97

な 行

ナップザック問題　21
ならしコスト　64
入札額　75
入札者　75
入札独立　78

入力　2
ノー　168

は 行

倍化　42
ハッシュ関数　157
初適合　93
ハミルトン閉路問題　102
秘密鍵　156
秘密入札　75
標準偏差　108
ビン詰め問題　21, 92
プルーフ　162
ブロックチェイン　162
平均　108
並列化　40
ページ　126
ページランク　125
ベルカーブ　110
偏差値　110

ま 行

無性生殖　194
メカニズム　75
モデル　17
問題　2
モンテカルロ探索　203

や 行

有向グラフ　126
有性生殖　195

ら 行

落札価格　76
ラムゼー数　112
乱数　107
ランダムウォーク　119
ランダムジャンプ　129
リンク　126
例題　167
ロッカーゲーム　45

京都関連

あ 行

嵐山　73
一乗寺　124
宇治　73, 124
夷川通　124
老ノ坂　188
鴨沂高校　106
応仁の乱　187

か 行

神楽岡　106
鴨川　9
河道屋　165
着倒れ　55
京大アメフト部　38
京大の正門　165
京都御苑　87
京都検定　151
京都御所　88
京都プロトコル　137
京の茶漬け　137
京野菜　187
清水　73, 124
雲母坂　73
金閣寺　54
銀閣寺　59

九条葱　187

熊野寮　51
蹴上インクライン　10
蹴上発電所　10
慶長伏見地震　106
月桂冠大倉記念館　74
高校駅伝　37
国立博物館　73
五山　37
五条　124

さ 行

嵯峨野　188
鹿威し　189
紫宸殿　88
聖護院　188
聖護院大根　188
女子駅伝　37
真木　151
新京極　123
すぐき　188
千本北大路　54
千枚漬け　188

た 行

大文字山　1
高御座　88

竹中稲荷　165
丹波橋　74
哲学の道　73
寺田屋　73
寺町京極　123
寺町通り　124

な　行

南禅寺　9
錦市場　123
西陣　54
任天堂　23

は　行

花折断層　106
花見小路　187
比叡山　1, 73
東山　10
東山連峰　1
百万遍　106
平等院　124
琵琶湖疎水　9

伏見　73
伏見稲荷　73
伏見城　106
舟形　37
平安神宮　125
放下鉾　151
棒鱈　123
法然院　9
本願寺　124

ま　行

物集女街道　106
桃山御陵　74
桃山御陵前　74

や　行

吉田神社　165
吉田山　106

ら　行

冷泉家　87

著 者 略 歴

岩間 一雄 (いわま かずお)

1973 年 京都大学工学部卒業，80 年 同博士課程修了．京都産業大学を経て，92 年より九州大学教授，97 年より京都大学教授．2016 年より京都大学数理解析研究所特任教授．著書は『アルゴリズムサイエンス：出口からの超入門』（共立出版）等．

京都のアルゴリズム

© 2017　Kazuo Iwama　　　　　　　　　　　　　　　　　　Printed in Japan

2017 年 9 月 30 日　初版第 1 刷発行

著　者　岩間一雄
発行者　小山　透
発行所　株式会社 近代科学社
　　　　〒162-0843　東京都新宿区市谷田町 2-7-15
　　　　電話 03-3260-6161　振替 00160-5-7625
　　　　http://www.kindaikagaku.co.jp

大日本法令印刷　　ISBN978-4-7649-0547-4
定価はカバーに表示してあります．

近代科学社の 啓発書　A5変型シリーズ

日本語 - 英語バイリンガル・ブック
マインドフルネス：沈黙の科学と技法
著者：松尾 正信
A5変型・208頁・定価1,800円＋税

IT技術者の長寿と健康のために
編：一般社団法人 情報通信医学研究所
編者：長野宏宣・中川晋一・蒲池孝一・櫻田武嗣
坂口正芳・八尾武憲・衣笠愛子・穴山朝子
A5変型・224頁・定価2,400円＋税

システムのレジリエンス
－さまざまな擾乱からの回復力－
著者：大学共同利用機関法人 情報・システム研究機構
新領域融合センター システムズ・
レジリエンスプロジェクト
A5変型・144頁・定価2,200円＋税

ドイツに学ぶ科学技術政策
著者：永野 博
A5変型・272頁・定価2,700円＋税

研究者の省察
著者：黒須正明
A5変型・228頁・定価2,200円＋税

知のデザイン －自分ごととして考えよう－
共著：諏訪 正樹・藤井 晴行
A5変型・280頁・定価2,400円＋税

日本語 - 英語バイリンガル・ブック
武藤博士の発明の極意
－いかにしてアイデアを形にするか－
著者：武藤 佳恭
A5変型・160頁・定価1,800円＋税

近代科学社の 数学書

秋山仁の A Day's Adventure in Math Wonderland
数学ワンダーランドへの1日冒険旅行
著者：秋山仁・マリジョー・ルイス
監訳：秋山仁　訳：松永 清子
B5 変型・224 頁・定価 2,000 円＋税

知ってる？シリーズ
人生に必要な数学 50
著者：トニー・クリリー
監訳：野崎 昭弘　訳：対馬 妙
B5 変型・322 頁・定価 2,000 円＋税

数学の作法
著者：蟹江 幸博
A5・272 頁・定価 2,500 円＋税

イアン・スチュアートの数学物語
無限をつかむ
著者：イアン・スチュアート
訳者：沼田 寛
菊判・384 頁・定価 3,300 円＋税

万能コンピュータ
－ライプニッツからチューリングへの道すじ－
著者：マーティン・デイビス
訳者：沼田 寛
菊判・264 頁・定価 3,600 円＋税

数学用語 英和辞典
編者：蟹江 幸博
A5 変型・384 頁・定価 3,000 円＋税

世界標準 MIT 教科書

高度な設計と解析手法・高度なデータ構造・グラフアルゴリズム

アルゴリズムイントロダクション

著者：T. コルメン　C. ライザーソン　R. リベスト　C. シュタイン
訳者：浅野 哲夫　岩野 和生　梅尾 博司　山下 雅史　和田 幸一

第3版 [総合版]
第1巻＋第2巻
＋精選トピックス
（第1〜35章，付録）

B5 判・1120 頁
定価 14,000 円＋税

第3版 [第1巻]
基礎・ソート・
データ構造・数学

B5 判・424 頁
定価 4,000 円＋税

第3版 [第2巻]
高度な設計と解析手法・
高度なデータ構造・
グラフアルゴリズム

B5 判・400 頁
定価 4,000 円＋税

アルゴリズムの基礎と データ構造
数理とCプログラム

著者：浅野 孝夫

A5 判・240 頁
定価 2,700 円＋税

グラフ・ネットワーク アルゴリズムの基礎
数理とCプログラム

著者：浅野 孝夫

A5 判・284 頁
定価 2,700 円＋税